讨厌的事打死也不做

（日）金川显教——著
麻春禄——译

天津出版传媒集团
天津人民出版社

图书在版编目（CIP）数据

讨厌的事打死也不做 /（日）金川显教著；麻春禄译.-- 天津：天津人民出版社，2021.10
ISBN 978-7-201-17591-1

Ⅰ.①讨… Ⅱ.①金… ②麻… Ⅲ.①人生哲学－通俗读物 Ⅳ.①B821-49

中国版本图书馆 CIP 数据核字 (2021) 第 178731 号

讨厌的事打死也不做
TAOYAN DE SHI DASI YE BUZUO

（日）金川显教 著 麻春禄 译

出　　版	天津人民出版社
出 版 人	刘　庆
地　　址	天津市和平区西康路 35 号康岳大厦
邮政编码	300051
邮购电话	（022）23332469
电子信箱	reader@tjrmcbs.com
责任编辑	玮丽斯
特约编辑	李楚文
制版印刷	上海盛通时代印刷有限公司
经　　销	新华书店
开　　本	787 毫米 ×1092 毫米　1/32
印　　张	5.75
字　　数	89 千字
版次印次	2021 年 10 月第 1 版　2021 年 10 月第 1 次印刷
定　　价	39.80 元

你真正想做的事是什么？
你正在朝着自己想做的事全力以赴吗？
你清楚自己不想做的事吗？

序 言

“去做令人兴奋的事。”

“只做自己愿意做的事。”

“将喜欢的事情变成工作。”

“用喜欢的事情充实每一天。”

“以开心、有趣为判断标准。”

类似这样的想法如今十分常见。

“将喜欢的事情变成工作。”

对于这句话，我现在发自心底地表示赞同。

但周围的人会说：

“这我做不到。”

“我根本不知道自己喜欢什么。”

“我没办法兴奋起来。”

“完全没有有趣、开心的事。”

对于这些想法，我也表示理解。

实际上，我以前也是这样想的。

在后文中，我会详细为大家讲述。我在高中复读了两次，从偏差值[1]只有35的学校考入了立命馆大学，并在大学期间通过了注册会计师考试。

复读期间以及上大学时期，我一天学习16个小时，除了日常生活，每天就只有学习。

大学毕业后，我就职于世界第一规模的德勤会计师事务所，因其为外资企业，所以工作非常繁忙。

在那里，我根本没有自己的时间，工作日要加班，休息日也不例外，可谓每天都沉浸在工作中。

因此，我记得，当初在看到书店里摆放着类似“只做自己喜欢的事”“将令人兴奋的事变成工作”这种标题的书时，我也曾想过“那根本不可能”。

而在我一边做着会计师事务所的工作，一边准备创业的时期，有一次，我在研讨会上接到了这样一个课题——“请将自己不喜欢做的事情写下来，任何事情都可以”。

说实话，我当时看到这个课题，心里想的是：“这与赚钱有什么关系啊！”

但现在回想起来，正因为我当时做了这个课题，才迎来了人生的一大转机。

1.指相对平均值的偏差数值，是日本人对于学生智力、学习能力的一项由计算公式得出的值。偏差值反映的是个人在所有考生中的水准顺位，通常以50为平均值，100为最高值，25为最低值。

也就是说，正是由于写了“不想做的事清单”（我自己这样称呼它），使得我给多少还是有些不舍的公司职员生活画上了句号，并下定决心自己创业。

我现在靠房地产、保险、教育等业务，以及经营七家公司，年收入超过了1亿日元（约合590万人民币）。可以肯定地说，我这些事业的起点都是源于“不想做的事清单”。

当时的清单内容我已写在后文中，敬请参考。如果您现在感到心浮气躁，“不知道自己想做什么”“不知道自己喜欢的事”，那么我建议您列一份“不想做的事清单”。

列出“不想做的事清单”有如下利处：

1.清楚自己不想做的事；

2.知道自己真正想做的事；

3.自己真正想做的事会在心里不断扩大（梦想化）；

4.自己的梦想会逐渐成为现实；

5.自己梦想的事会变得不只是昙花一现，而是成为自己日常的一部分。

也就是说，你可能会获得超出自己想象的现实结果，而且这一可能性将不断扩大。

人们很难找到自己想做的事，却总是会有很多不想做的事。

我在做公司职员时，也有很多讨厌的事，例如每天乘坐拥挤的电车，以及与难应付的工作伙伴进行商洽等。在私下，我还讨厌干家务活。

但即使有这么多讨厌的事也没关系。

先列出“不想做的事清单”，然后从可以不做的事情入手，一点点排除。

无论多么小的事都可以，将其一件一件地排除出去，这样你便会逐渐注意到自己真正想做的事（相当于梦想），慢慢觉得“它也许可以实现”。

人只要抱有梦想，便会心存希望，也自然会不断前进。

请大家阅读本书，将自己讨厌的事从日常生活中彻底排除出去。然后用喜欢的事情充实自己的每一天，实现超越自己以往梦想的、大到令人瞠目结舌的梦想。

我将全力支持大家！

金川显教

目录

Catalogue

第一章

CHAPTER ONE

由于在意他人的看法，而不知不觉地放弃自己一直坚持的事

第二章

CHAPTER TWO

通过“不想做的事清单”将梦想变为现实

第三章

CHAPTER THREE

计划“最好的 1 天”，并使其成为日常

第四章

CHAPTER FOUR

只将精力集中在“想做的事情上”，人生会发生剧变

第一章

CHAPTER ONE

由于在意他人的看法，

而不知不觉地放弃自己一直坚持的事

CHAPTER ONE

不要再想“我要先制订一个计划”

PDCA循环已经过时

有些人被他人的看法所束缚，从而不清楚自己到底该放弃什么。面对这种类型的人，我将在本章中列出一些浪费时间的事，可以让您审视一下自己“是否正在做这些无用的事”，同时也希望为您在列“不想做的事清单”时做一个参考。

日本人非常喜欢“制订计划”。

特别对于公司职员来说，PDCA循环是开展业务及项目的基本理念，因此“制订计划”成了必要的一项。

所谓PDCA，是指 P=Plan（计划）、D=Do（执行）、C=Check（评估）、A=Act（改善）的缩写。一般认为在开展业务及项目时，遵循这一顺序最为妥当。因此，从某种意义上来说，大多数公司职员遵循这一理念也是没有办法的事。

但是大多数人容易掉入的一个陷阱是，**花费过多的时**

间去制订计划，而到了关键时刻却无法行动起来。

再具体一点来说，就是无论计划制订得如何缜密，一旦出现问题或是预料之外的情况，便会导致事情发生变化，无法按计划进行。而这样的情况屡屡发生。

如果每遇到新的情况便去修改计划，则永远无法到达终点。

因此我认为，**制订缜密的计划并没有太大的意义。**

丢掉那些阻碍行动的计划

我一直建议大家的是，**如果有那些时间去制订缜密的计划，不如“先开展行动”。**

无论制订多么完美的计划，无论这个计划多么优秀，如果不去实施，都不会获得结果。而如果没有结果的话，我们便无法去检查以及改善这个计划。

也就是说，**行动才是所有事业的起点。**

因此，我提倡并加以实践的是“iOIF”模式。

“iOIF”是取“i：少量输入（Smallinput）；O：输出（Output）；I：输入（Input）；F：反馈（Feedback）”这四个词的英文首字母组成的缩写。它是指先获取最基础的知识与信息，然后马上付诸行动，其间如果发现不足便继续

获取必要的知识和信息，最后反过来检查全过程。

这其中不包括“计划”。

我并非是在否定制订计划这一做法。

我本身也打算在几年后达成某个目标，并制订了大致的计划。

但我想在这里提醒大家的是，**是不是有太多的人，虽然想着制订缜密的计划却不行动？**

所以我想说的是，如果花费宝贵的时间制订了计划却无法实施的话，不如干脆不去制订计划，而是比他人更早地向目的地前进比较好。

CHAPTER ONE

先读说明书是没有用的

有读说明书的工夫，不如先打开电源

偶尔会遇到这样的人，买了手机、电脑或是其他电子产品后，先是去读说明书。

每当看到这样的人，我都不禁暗自嘀咕："真是太浪费时间了！"

因为很多人在读说明书之前，便已打开电源操作，并开始使用了。

可以先尝试自己操作一下，如果没问题，便可以开始用。即使遇到不明白的地方，只要多尝试按按其他按钮，碰碰其他地方，自然而然地也就学会使用了。

当遇到怎么也搞不懂的地方，或是想要进一步了解的地方，这时候再去读说明书，或是上网查询。我觉得应该如此。

即使不遵循“PDCA”，人生也照样可以顺利前行

我们在购买商品的时候，其实已经大致了解了“这个商品的用法，以及开关在哪儿”等问题。

如果套用我提倡的“iOIF”模式的话，便是如下过程：

接入电源：i（少量输入）

先尝试使用：O（输出）

进一步使用，遇到不懂的地方，读说明书或上网查询：I（输入）

更加得心应手：F（反馈）

当然，对于那些喜欢读说明书的人，我不会劝其放弃阅读说明书。

但说明书上写有很多无用的信息，这些都是我们没有必要去读的东西，而且很多人也不会去读。

“读说明书”便相当于“PDCA”中“P”的部分，**我们即使不制订过于缜密的计划，也照样可以顺利完成工作，且在实际中也是如此。**

当遇到难题时，我们再去“读说明书”或“去Google查询以及请教他人”，仅此足矣。

可能有人会想，“你虽然这么说，但公司的事业计划和

项目计划并非如此简单”。

但我认为，正因为是有众多人参与其中的公司及工作计划，才不应该将计划制订得过于缜密，这样反而会事与愿违。

留下一点不确定的空间，才能在关键时刻灵活应对。

请大家摒弃这一观念——不遵循“PDCA”，人生便无法顺利前行。

CHAPTER ONE

立即放弃“万事俱备”这一想法

比起“万事俱备”，“立即行动”更为重要

小时候，父母和老师就经常问我们“准备好了吗”？

因此，我们的大脑里被印入了“什么事都要做好准备”这一固定观念，并在失败时，被告诫是“因为准备不足”。

然而，我们真的是因准备不足而失败的吗？

打个比方，假设你为去郊游，从几天前便开始做准备。

你想象“如果被虫子蜇了怎么办”“如果中途下雨了怎么办”“如果走着走着突然感到不舒服了怎么办”等，于是你准备了呕吐袋、退烧药、晕车药、创可贴、雨衣等。

然而，当天因天气恶劣，郊游被取消了。

这是因为准备不足而导致的吗？

因此，无论我们如何准备，也绝对不会得到“万事俱备”的效果。

无论如何周到地准备，都会出现无法预料的事态。

如果这样的话，**不如干脆抛弃“想要做好充足准备”的想法。**

过分的准备只是浪费时间

学习与工作都是一样的。

例如，如果真正想学好英语的话，与其上一两年英语会话学校，不如先学习一点英语后，大胆地飞向海外。

浸泡在英语的氛围中远比在国内学习来得快。

在工作中，如果想掌握营业技巧，稍稍学习一些相关礼节后，直接与顾客接触比较好。

无论你在公司内如何与同事们反复地训练，也不会掌握实际的营业技巧。

因为无论是在学习还是工作中，总会有计划之外的事情发生。

过分的准备只是在浪费时间，要先行动起来。

CHAPTER ONE

有能力的人都不重视输入

无论如何输入，反正都会忘掉

心理学家赫尔曼·艾宾豪斯曾通过实验制成了著名的“遗忘曲线”。

他指出人记住的信息有50%会在20分钟后忘掉。

不用说20分钟，有几个人能立即回答出前天晚餐吃的是什么？又有几个人能立即回答出前天与自己商洽的人的名字？我想几乎没有。人这种生物，就是会遗忘各种事情。

有一本英语单词参考书，名叫《目标1900》。

估计有不少人备考时使用过这本书。那么现在记住了其中的多少单词呢？如果不是日常使用英语的人，应该都忘得差不多了。

就像这样，**即使我们花费很多时间去记忆，经过一段时间后也都变成了零。**

无论花费多少时间与汗水输入，过了一段时间后，还是会回到输入前的状态。

输出才利于人生

大家步入社会之后，会花费很多时间用于读书、研讨会、公司内研修等事情上，通过这些输入很多知识。

但在那些知识中，大家现在还能记住并熟练运用的有多少呢？

在实际中去体验、领会或是通过失败学习，远远比只向大脑输入记得牢固。

通过认真听取对方的话提高业绩的人则会掌握聆听他人说话的技巧；因比约定时间晚了5分钟而使顾客生气的人，以后将再也不会迟到。

当然，我们有必要输入最低限度的知识。

但在一定的输入后，就应该开始输出（行动）。

时间及金钱的用法也是一样。

用于输入的金钱和时间要控制在最低限度，然后将剩余的金钱和时间全部用于与输出相关的方面。

输出的具体做法以及有关金钱和时间的观念，我将在第四章讲述。请大家记住，学会输出才能在真正意义上达到输入。

CHAPTER ONE

人生不需要“目标”

“目标”会使思维变得消极

公司一般会在年初制订计划和目标，并称之为“事业计划”，然后按这个计划开展相关工作。

日本拥有80%及90%的公司职员（被雇佣劳动者），很多人认为“自己也应该每年制订目标”。

俗话说“一年之计在于春”，不少人会在手账的第一页上写下“一年的目标”。在小的时候，相信也有人在寒假作业开头写了新的一年的抱负。

目标确实很重要。

但**如果过于被目标所束缚，则会产生“本不想做，却不得不做”的强迫感。**

例如，如果在手账中写下，今年的目标是“每天做50个仰卧起坐”，那每当你看到这句话时，便会产生“今天也必须做”的义务心理。如果某天没做的话，便会觉得“今天没能完成”，从而陷入自我厌恶。

将“目标”转变为“希望”便会产生动力

以我自身来说，我想出版一本销量100万本的书。

但如果我说“目标是100万本”的话，便会产生必须完成的义务心理，动力也会下降。

因此，我会改说成“希望达到100万本”，这样便会感到轻松。

改说成“希望”的话，甚至还会产生兴奋的心情。

以锻炼腹肌的例子来说，不要说“我的目标是每天做50次仰卧起坐”，而是改成**“我想旅行时，在海滩上美美地晒太阳”，或是“我想穿合身的西服”等，去想象达成目标后的感受和状态。**

这样一来，目标就会变成希望，从而产生动力，促使你去完成“每天做50次仰卧起坐”的目标。

像这样，只是将“目标”改为“希望”，人的情绪便会高涨起来，真正“想做的事”和真正“不想做的事”也会更加明确。

CHAPTER ONE

在月收入到达 50 万日元之前自己做家务

成功人士不做家务的真正理由

在成功人士经常说的话中，有一句很关键的话——“月收入超过50万日元后，要雇人代理家务。”

在我做公司职员的时期，听到这句话时曾强烈地想“我以后也要这样做”。但等到我月收入达到50万日元后，却很难去实施。

但是，扫除、洗衣服、扔垃圾……每天的家务事真的是很花时间。

另外，很多时候，我休息日的时间全部用在清理浴缸、洗碗、熨衣服这些琐事上。

于是，我查了一下。

委托老年人才中心做家务的话，价格是一小时1000日元。一小时1000日元，两小时2000日元，这样算下来，一周委托一次的话，一个月也就是8000日元。

如果一个人的月收入是50万日元，一天按2万日元计算，那么他如果一天工作10个小时，时薪便是2000日元。

这样一来，如果花1000日元委托代理家务的话，不仅不会吃亏，而且你可以利用省下来的时间做其他工作，2000日元减去1000日元，还能赚1000日元。

这只是一个简单的计算，可能有人会说“现实可没这么简单”。

当然，我当时也是抵触的。

实际上，虽然我马上就能找人代替处理自己的秘书业务，但到了家务事上，即使我的月收入超过了50万日元，也是过了3年才委托了家务代理。

有一段时期，我因为工作实在太忙，不得不委托家务代理。

于是我一狠心一跺脚，便找了家务代理。**找了一次后我感到身心轻松了不少，后悔为什么不早点委托家务代理。**

于是我得以比之前更加有效地利用省下来的时间去做其他事，比如用于工作，或是为充实自我而学习，以及与朋友去旅游，等等。

比起金钱更优先节省时间的人会富有

如果自己做家务事，虽然不需要花钱，但这段时间内也不会得到收入。

另外，还经常听到这样的说法：**将时间与金钱放在天平上时，真正的有钱人都会偏向于时间。**

例如回家要走15分钟的路，是选择步行还是叫出租车的问题。有钱人会毫不犹豫地选择叫出租车，然后在车里工作。

他们并不是因为有钱才叫出租车。

这是因为，成功人士一直想的是“**将金钱用在什么地方可以获得更多的金钱**”，或者“**如何利用增加的金钱来增加自己的时间**”。

我们来稍稍换一个话题，从农村到东京的人在找房子时，估计首先考虑的是房租。

在买房子时，很多人也都重视价格。

但我自从到东京工作后，都是尽可能在西新宿、芝浦、六本木这三个离工作地点近的区域内找房子。

因为我想尽力将通勤时间缩减至最短。

我在此明确地告诉大家：

通勤的过程就是浪费时间，除了浪费时间外不能做任何事情。

从住处到车站，再从车站到办公室，想一下乘坐拥挤电车的时间和压抑感。

对我来说，这是我最“不想做的事”之一。估计很多人也是一样吧。

节省房租也许很重要。

但**思考“如何去合理地利用自己的时间”更重要。**

话题从做家务事上跑偏了，如果你不擅长做家务或不喜欢做家务的话，就请马上委托家务代理服务。

即使在家务代理方面花费了1000日元，如果你将省下来的时间有效地用在工作或娱乐等事情上，你的人生将比现在丰富100倍。

CHAPTER ONE

不要因为顾忌父母以及是否体面而消磨自己宝贵的时间

即使是别人十分羡慕的东西，如果对自己没有价值也要放手

我在上大学期间通过了注册会计师考试，并就任于世界第一规模的德勤会计师事务所的审计法人会计师事务所。

在他人看来，我简直是在精英之路上突飞猛进。

但我为了创业，在会计师事务所工作了3年后就辞职了。

父母、朋友、同事以及晚辈都说“好不容易进入一流企业，真是可惜”。

其中我的父母在我通过注册会计师考试时，十分高兴，还对我说：“干得不错，最好一辈子就干这行。”所以在我说“辞了公司”时，他们十分失望。

但我现在真心觉得，当时辞了真好。

由此也可以看出，他人的价值观与自己的价值观是不一样的。

即使是自己的父母。

既然如此，**无论是别人多么羡慕的事，只要对自己没有价值，就干脆放手。**

然而在实际中，很多人为迎合父母及周围人的期待，而去做自己不想做或不期望的事。

何止如此，甚至有很多人未注意到这一点，整日在悲伤、痛苦、愤怒中叹息人生。

被他人认可没有任何意义

为迎合他人以及社会的标准，而去做自己不想做的事就是在浪费时间。

如果是别人都“想做”的事，自己也“想做”的话，那么你去做这件事时不会有丝毫犹豫。

但如果是为了父母或周围人的评价，以及为了体面而去做自己不想做的事的话，则是本末倒置。

我们并不是以“希望被他人认可”而活着，应该要有自己的标准。

为此，我们要持有这样的坚定意志——**无论别人怎么看都无所谓。**

如果你拥有这样的意志，不可思议的是，一定会有支持你的人出现。

那么我们该如何拥有这样的意志呢？下面我向大家介绍一下方法。

CHAPTER ONE

接受“孤独”便会逐渐发现自己真正想做的事

成功人士不害怕孤独

日本人特别喜欢群集在一起。

俗话说“枪打出头鸟”，所以日本人不喜欢在群体中凸显自己。

上小学时，大家都背着同样的书包；进入中学、高中后，都身穿相同的校服。如果自己穿着与别人不同的服装，有着与别人不同的时尚及发型，或是做出与别人不同的言行，便会有人提醒你注意。日本人从小就被要求在团体中保持协调。

于是我们在不知不觉中被灌入这样一个观念——“与他人协调十分重要。”

与他人协调自然很重要。

无论是工作还是人生，自己一个人能完成的事很有限。大家互补互助才能更好地完成工作，活出更好的人生。

但如果过于重视协调性的话，则会惧怕因与他人不同而被孤立。

于是，我们就尽量不突出自己，通过保持与他人相同而获得安心。

这样一来，我们便看不清自己想做什么、不想做什么。

因此，我想大声说的是，**“孤独并不可怕”。**

倒不如说，**孤独才可以活出自己的人生。**

正因是社交网络全盛期，才应与其保持距离

当今社会是社交网络时代。

很多人都寻求与他人“关联”，希望被人“认可”。

于是便显得害怕“孤独”。

但一直与他人关联真的那么重要吗？

在社交网络上与数百人、数千人关联有什么好处呢？

我已有2年左右没更新我的社交网络了。

此前的朋友们一定在想“他现在到底怎么样了”。

但如果关联的人数多，而且时常去寻求与他人关联的话，便会不自觉地与他人比较，从而出现失落、心怀嫉妒的心理。

而且我们从周围接收到的多是些“杂音”，都是一些知不知道都不会影响自己生活的信息。

既然如此，不如保持距离，将那些时间用来审视自己的内心。

静静地观察自己的内心，便可以听到自己内心的声音。

如此一来，你只要遵循自己内心的声音，做自己想做的事即可。

但人都会有这样的欲求——“不想被别人讨厌”或“希望别人喜欢自己”。

这种心情真的很棘手。

如果想被他人喜欢，就要先做到喜欢别人

经常有人说，在工作上，如何被他人喜欢、如何增加自己的追随者是成功的秘诀。

但不管是如何可敬的人，在100个人中也不可能100个人都喜欢你。

另外，希望被特定的人喜欢，我也认为是一种自私。

因为这一想法翻过来就是指：“我这么喜欢你，你也应该喜欢我。”

也就是一种利益交换的想法。

那么反论则是，**如果我希望他人喜欢我，那么我不应去期待“被他人喜欢”，而应自己主动去“喜欢他人”。不**

是"付出与回报"，而是"付出再付出"。对自己喜欢的人，应付出不求回报的爱。

自己不断付出爱，便会得到对方的信任，最终获得追随者。

CHAPTER ONE

为什么要区分工作伙伴和娱乐伙伴

有钱人朋友少的真正原因

无论你在网络中认识多少人都没有太大的意义。在现实世界中也是一样。

无论你结识多少朋友、认识多少名人，如果在你开展工作时，他们不能与你并肩前行或是助你一臂之力，便称不上是人脉。

我在创业后的两年间，见过五六千人。当时我想扩大自己的人脉，几乎每天都去参加交流会、派对、研讨会等活动。

而至今为止，我总共见过至少有五六万人。

尽管如此，现在我能求其帮助以及可以借力的人只不过百人左右。

留在我周围的都是可以和我一起完成工作，或是在我困难时可以帮助我的人。

此前在派对及研讨会上交换名片的人，最终并没有成为我的人脉。

我周围的有钱人朋友也是一样。

他们在实际生活中关系较近的只有少数人。

在不同行业交流会以及派对上，有不少人与有钱人交换名片，乍一看这些有钱人的交友关系很广。

但他们知道人们聚集在自己身边是为了财富和名声。

因此，他们严格挑选交际对象，只与那些可以真心信赖的人以及在一起感到安心、快乐的人交往。

如果工作伙伴与娱乐伙伴相同的话，运用金钱和时间时则会更有效率

在有钱人的人际交往中，还有一个共同点是：**工作伙伴=娱乐伙伴。**

任何人的一天都是24小时。

如果将这24小时大致分为“睡眠时间”“工作时间”“娱乐时间”，那么**工作伙伴与娱乐伙伴相同的话，便可以更有效地使用时间和金钱。**

我的工作伙伴与私下一起娱乐的伙伴也是基本一致。

我与工作伙伴一起去吃饭，或去健身房、洗桑拿、出国旅行。

对有钱人来说，工作是娱乐的延伸，娱乐也是工作的延伸。这样，他们私下的时间会用于工作，从而在事业上成功。

也许有人需要只是在一起而不用创造什么价值的关系，或者只是聚在一起吃喝玩乐的人。而我认为，这样的关系无论是在工作中还是在生活中都不需要。

无论是在工作中还是在私生活中，可以相互给予刺激的伙伴，才是人生中真正需要的人。

CHAPTER ONE

讨厌的事打死也不做

没有梦想、随波逐流的生活有什么意义

我在小学、初中、高中时，学习完全不行。

我热衷于棒球以及音乐，对学习完全不感兴趣。

我的性格本来就是对喜欢的事十分热情，对讨厌的事完全不予理睬。

结果，我考入了一所偏差值只有35，竞争率为0.97倍，任何人都可以考入的三流高中。

然后我把学习放在一旁，每天沉迷于社团活动之中。我下决心向着吹奏乐部→音大→职业演奏家的方向前进，整日讴歌着青春。

但从那个时候起，父亲的事业开始受挫。

有一天，父亲对我说："显教，对不住了。"于是我的职业演奏家梦想便破灭了。因为与其他普通大学相比，音大的入学金和学费都很高。

我在18岁时便迷失了前进的道路，于是我的梦想只剩

下一个——将来在事业上成功，成为有钱人。

于是我便下定了决心，一天学习16个小时，复读2年考入了立命馆大学产业社会学部。我是自我们高中创立20年以来的第一个大学合格者，为我们学校创下了一个壮举。

此外，进入大学后，我便设定了一个目标——在就读期间通过注册会计师考试。我一天学习16个小时以上，然后顺利通过了考试。

此后，我内定就职于世界第一规模的会计师事务所德勤，以愉快的心情迈出了步入社会的第一步。

人就是这样，如果有了一个大目标，便会拼命去努力。

如果只有一个眼前的目标，不知不觉便会随波逐流，在不想做的事情上花费时间。这就是在浪费人生。

如果怀有“不做”的坚定意志，便“可以不做”

如果想在人生中达成“想做的事”，就必须下定决心“讨厌的事打死也不做”。

如果总是因为“大家都在做”而随波逐流的话，那么人生就会这样转瞬即逝。

当然，保持“与大家一样”，在平均值上生活的话，会产生团队意识，在团队中也会感到很舒服。这种想法我也并非完全没有。

但如果每天都待在同一个环境里，重复着同样的事，这样真的有意思吗？能感到自己的成长吗？

我讨厌这样的生活。

因此我下定了决心：我要将人生只有一次的“今天”活成最好的一天。

于是，我决定“讨厌的事打死也不做”。

在此，我想问一下正在读这本书的你。

你真正想做的事是什么？你正在朝着自己想做的事全力以赴吗？你清楚自己不想做的事吗？你在努力不做自己不想做的事吗？

CHAPTER ONE

擅不擅长与结果无关

“想做”可以战胜“不擅长”

我已讲了关于“想做和不想做”的话题。但在挑战新事物时，很多人并非考虑“想做和不想做”，而是考虑“自己的擅长和不擅长”。

例如在学生时期，估计有不少人“因为自己不擅长数学而去文科大学”，或者“因为不擅长运动而选择文化社团”。

或者在就职时，有人会说“我不擅长与陌生人说话，做不了营销”。

我在创业之前也认为自己可能不擅长在陌生人前说话。

于是我听了公众演讲。当时，我问讲师“我是不是不擅长在别人面前讲话”，讲师的回答令我感到很意外。

他对我说：**“擅不擅长与结果无关，即使不擅长也依旧能成功。”**

这句话给了我冲击。

不要考虑擅不擅长，只要是自己想做的事就去做。

那之后，我会将自己说话时的样子录下来，一天做好几个小时的说话训练。

这是因为，能够在别人面前有一个好口才，是我“想做的事”。

可能是由于那段时期的锻炼，我现在做演讲时，很多参加者都会对我说“金川先生的讲话很有意思”“今天的演讲很好”等。

有的人可能会想，如果不擅长的话也没有必要耗费那么多时间吧。

但这是我当时想做的事。

我觉得，如果是自己“想做”的事，人可以不惜任何努力去做。

比起“擅不擅长”，“想不想做”更重要

此前我也说过，我直到上了高中学习都不好。

此后我拼命学习，考入了立命馆大学，并在该大学就读期间，通过了注册会计师考试。

我在高中时代开始学长号时，也苦恼自己是不是“不擅长”。但因为我喜欢长号，并坚持学下去，最后成了声部领队。

人在开始做什么时，总是习惯考虑自己“擅不擅长”。而**实际上应该以“想不想做”为指针。**

即使是自己不擅长的事物，只要你“想做”并坚持下去，也必定会获得结果。

如果你有时间去考虑自己的“不擅长”，并在心里设下了阻碍的话，不如先问问自己到底“想不想做”。

CHAPTER ONE

成功人士都在利用世间的“不公平”

首先要去接受世间的“不公平”

正如考虑自己擅不擅长一样，考虑世间公不公平也是无益之举。

因为这个世界本就是不公平的。

但人总是会不自禁地抱怨，例如“我那么努力，并取得了成绩，为什么那个人先晋升了？这也太不公平了”“我这样努力，为什么部长总是向着他……太不公平了吧”等。这样想也是人之常情。

就这样，我们在不知不觉中，以公不公平来判断事物。

确实，我们在学生时期，越努力学习，考试的分数就会越高。而升学考试也是根据分数决定的。

那时我们身处的是努力便会有回报的“公平”的世界。

但步入社会后，努力就不一定会得到回报。

在公司里，无论你如何努力，做出多少成绩，如果得不到上司的评价，自然就不会涨工资或晋升。

此外，公司的上司也并非都能够做出公平公正的评价。

有些地方甚至上司的能力还不及你。

公司原本就没有100%公平公正的评价。

永远都是在相对的尺度中决定评价。

因此，对公不公平发牢骚完全是无益之举。

正因为现在未得到回报，今后才有机会得到回报

那么我们该如何去做呢？

首先要完全接受“世间不公平”这件事。

世上就是有这样的情况：无论你如何努力都得不到回报。要清楚地认清这一事实。

第一，如果努力的人都成功了的话，那么这世上遍是成功人士和百万富翁了。

如果你对现在的公司以及社会感到“不公平”和焦躁的话，正是因为你现在的努力并未得到回报。

如果你现在“得到了他人正确的评价”，或是“拿着与努力成正比的报酬”的话，那么就不会抱怨“不公平”之类的了。

然而，对现状感到不满，也就代表**如果今后继续努力**

便会有机会得到回报。

因为**无论是人生还是工作，都是“祸中有福，福中有祸”的。**

即使现在未得到回报，只要你坚持努力，一定会获得些许成果。你也会因此得到一个大的飞跃。

成功人士就是在巧妙地利用这些世间的“不公平”。

不要让“愤怒”消耗自己宝贵的能量

没有一件事可以感情用事

此前我说过，无论发生多么不公平的事，发牢骚、诉说不满都是无益之举。

但在现实生活中，我们会不自觉地发牢骚和诉说不满。

有时仅发牢骚和诉说不满还不够，甚至还会怒发冲冠。

例如你为了赶上与客户商谈的时间而叫了出租车，而出租车司机却走错了路，这时你会怎样做？

大多数人都会觉得“没办法”。

但其中也有人会对出租车司机大发雷霆：“为了赶时间才叫的出租车！”“把打车钱还给我！”

这种就属于愤怒点低的人。

我每当看到这样的人，都会不自觉地想：“发脾气又能解决什么呢？”

无论你如何发火，时间都不会倒流，情况也不会改变。

进一步说，如果在到达目的地前对出租车司机发脾气的话，司机有可能因紧张而再次走错路，或是发生事故。

如果是我的话，在遇到这种情况时，可能会马上查谷歌地图，协助司机找到正确的路。

越生气越吃亏

世间就是这样，经常会出现突发事件，而且不知什么时候就会落在自己身上。

但无论你如何对其加以批判、评论或是发牢骚，都无济于事。这些都是在浪费时间，没有任何建设性意义。

以叫出租车为例，如果是因为赶时间才叫的出租车，而司机却走错了路的话，那么就应该**优先考虑如何尽早到达目的地。去批评司机的话则是本末倒置。**

谁也不愿接近那些总是批评他人、恶言相对、散发负能量的人。

不要有一丝一毫的愤怒情绪

我在上高中时，在一家荞麦面店的连锁店打工。

我曾经将乌冬面与荞麦面上错过。有一次，一个50岁上下的男人面红耳赤地对我怒喝道："我想吃的是荞麦面，你给我上乌冬面，开什么玩笑！”

当然，确实是我不对。但看到那个为了几百日元的荞麦面而大发雷霆的人时，我在心里下定了决心，长大后绝不要成为这样的人。

除了这个打工的例子外，我周围也有一些爱发脾气的人，以及因发脾气而引发纠纷的例子。因此，我逐渐领悟到，“发怒”不会带来任何好处。

现在，我已经能够控制自己内心的“愤怒”，一般情况下都不会发怒。

“算了”是平抚愤怒的魔咒

任凭感情用事、乱发脾气的人，在旁人看来很不优雅，甚至很幼稚。

那么如何才能不感情用事呢？

在此我向大家传授一个我自身正在使用的，让自己不生气的秘诀。

当遇到容易感情用事的情况时，可以自言自语道“算了”，让自己冷静下来。

实际上在你身边发生的纠纷基本都不是什么大事。

你现在正精神饱满地读着我的书便是一个证据。

当发生突发事件时，你会想“完了，出大事了，怎么办”，但最后也没什么大不了的，你现在也是好好的。

因此，即使你感到有百般的怒气想要发泄，只要说句“算了”便也没什么问题了。

发怒这种情绪很不可思议，从来没有“因发怒而感到轻松”的时候。发怒反而会增加愤怒的情绪，变得不可收拾。

一旦你打开发怒的开关，无论你如何想要冷静下来，都难以做到。

这时，你只需要口念“算了”，便可以关掉愤怒的开关。

这样你的心情就会不可思议地平静下来，然后便可以看清自己应做的事。

发怒与浪费自己的精力无异。

我们不应将宝贵的精力浪费在发怒上，应用于积极进取的方面。

东大学生在解答问题之前，先看答案

据说东大学生在学习时，会先参照题册的答案。

假如是数学题的话，他们会先阅读问题，如果一下子想不出解题方法，便会去参照答案，将解题方法记入脑中，然后去做相似的题目。

但普通的学生在想不出答案时，都是靠自己的脑子去考虑10分钟乃至20分钟。

尽管最后终于得出了答案，但如果这个答案不对，便又开始闷头苦思冥想。

这本身不是考试，而这些学生似乎认定，做题是不可以看答案的。

但我认为，**这样的努力才是最没有用的。**

普通的学生通过自己的脑子花一小时做出1道题。但聪明的学生已在这段时间内不断参照答案，理解解题方法，并掌握了10道、20道题。

得到人生的攻略书是通往成功的最短距离

这并不仅限于学习。

在围棋和象棋的世界里有一种说法是"愚蠢的思考如同休息"。我们在实际生活中也做着相同的事。

例如，如果想干好工作，去找会干的人请教就行，但我们却非要自己琢磨。

如果想成为有钱人，去找有钱人请教"如何才能赚到钱"便可，但我们却不去。

实在是可惜。

假设你听说有一个无人岛上藏有宝藏，于是便出发去寻宝。为获得宝藏，你会做什么？应该不会随便找个无人岛去直接挖吧。如果想找到宝藏，应该先试图去获得画有宝藏位置的地图。

玩过电子游戏的人应该都买过攻略书作为参考。通过攻略书，可以知道武器的使用方法、道具的获得方式，以及在下一关有什么敌人、什么样的攻击方法更有效等。

成功人士喜欢传授自身的成功方法

人生以及工作都是这样。

如果想要干好工作，想要创业成功的话，就要先获得相关攻略书。

在你身边，一定有很多工作成功、创业成功的人。

即使没有，你也可以读那些人写的书，或是去参加相关讨论会，获得宝藏图或游戏攻略书。

得到了这些地图或攻略书，你就可以避免走错路，不会做些无益的努力，直接达成目的。

但不知为什么，现在有很多人，正如先前说的有些学生，总是觉得必须依靠自身的能力去做事情。

我看过很多因此而失败的人。

我并不是说通过自己思考、依靠自身的努力是不对的。

如果完全不努力、不行动的话，无论得到多么细致、精巧的宝藏图或攻略书，也不会成功。

但如果是付出一定努力的人，他们可以去避重就轻，也就是避免用自己的头脑去思考所有事，从成功人士那里得到宝藏图或攻略书。这完全不是什么坏事。

实际上，想要主动传授自身成功法则的成功人士也不在少数。

请大家向那些人请教，走上通往成功的捷径。

读书由输入和输出配套进行

多读无益，精读才是读书的精髓

此前我说过，要想成功，最好去读成功人士写的书。

读书的确是最快的输入方法之一。

但有时会见到这样的人，他们将读书本身当成了目的，只关心读了多少、读了什么书。

我认为，无论读了多少数量以及多少种类的书，如果不能吸收为自己的东西，也就没有用。

例如有个人为提高自己的营销水平而读了10本书。只是这样的话，他的营销水平能提高吗？

如果不能理解读到的内容，加以实践，并经历各种情况的话，绝不会得到提高。

多读营销相关的书固然重要。但比其更重要的是，**选一本适合自己的书，并在与顾客的交往之中不断去实践。**

记忆书的内容的同时，还要向人传达

若是读书，就应先明确为什么读这本书，然后边认真钻研对自己有用的地方边读，而不是毫无辨别地通篇吸收。

接着**趁输入的内容还留在大脑里时，将其输出。**

例如将书的内容写入博客或日记中，或是上传到视频网站上，与朋友交换意见。

总之要养成一个习惯，在输入时，一定要与输出配套进行。

这样做会大幅度提高阅读内容停留在脑中的概率。请大家一定尝试一下。

第二章

CHAPTER TWO

通过“不想做的事清单”将梦想变为现实

CHAPTER TWO

为什么不列“想做的事清单”而是“不想做的事清单”

我们总是想不出“想做的事”，却马上能说出“不想做的事”

在第一章里，我讲了我们平时是如何被无益的常识以及思想所束缚的。

我们热衷于制订眼前的计划及目标、在意自己朋友的数量、过于在意他人的看法、乱发脾气、无益地读书……

如果你下定决心不去做这些事，那么你的人生就会一点点地发生变化。

于是你便会生出很多欲求，比如“这件事不想做”“那件事不想做”。

人就是这样，在被问到“喜欢的事”“想做的事”时，马上回答不出来，但如果问“讨厌的事”“不想做的事”时，会说出很多。

我在本章向大家介绍那些可以不做“讨厌的事”“不想做的事”的方法。

在这里，我先写出结论。

要想不去做“讨厌的事”“不想做的事”，就要先**做出“不想做的事清单”。**

有的人可能会想，“那么做就能实现吗？”

我以前也是这么想的。

但正如我在“序言”中写的，正是由于我在参加一个讨论会时，写了“不想做的事清单”，我的人生才发生了巨大的改变。

此后，我也建议我的工作伙伴们去写一份“不想做的事清单”。

工作伙伴们也由于写了“不想做的事清单”，开始数以亿计（指日元）地赚钱。

那么我们先来看一下“不想做的事清单”的写法吧。

“不想做的事清单”的写法

写法很简单。

①将你脑中浮现出的“不想做的事”依次写出来即可。

内容可以是“今晚不想做饭”“不想打扫卫生”“早上倒垃圾很麻烦”“在地上叠被铺被很麻烦”等日常的琐事，也可以是“不想坐通勤电车”“不想上班”这样的大事。任何事都可以，将其全部写下来。

②然后，将它们分别列入“马上不做”和“将来不做”的两个表中。

即使是“不想做的事”，也分为“可以马上不做的事”和“不能马上不做的事”。

例如，“今晚不想做饭”是“可以马上不做的事”，“不想坐通勤电车”是“不能马上不做的事”。

就这样，先将它们分为两组，然后考虑先从哪个开始不做。

③将“不想做的事清单”贴在醒目的位置，然后从已经不做的事开始依次划掉。

办公桌前以及电脑、手机的桌面都可以，将“不想做的事清单”贴在自己经常看的位置，不断提醒自己。

对于那些不能马上就不做的事，没有必要勉强不做。只需每天看一看清单，想出对策后一点点写上去即可。

“不想做的事清单”的写法就是这样，是不是很简单？

重要的是，“不想做的事清单”的价值不在于完成清单，而在于制作的过程。

我将在讲述制作清单时的要点之际，一并介绍其理由。

“不想做的事清单”的写法

第一步：尽可能将不想做的事都写出来。

不想上班、不想打扫卫生、不想晾衣服、不想去取快递、早上扔垃圾很麻烦、今晚不想做饭、不想坐通勤电车、不想开会、不想去买东西、在地上叠被铺被很麻烦。

要点：无论多琐碎的事都可以，不要顾虑太多，全部写出来。

大致写出不想做的理由，不用特别详细。

第二步：将在第一步中写出的事情分为“马上不做”和“将来不做”。

马上不做	将来不做
·今晚不想做饭	·不想上班
·不想去买东西	·不想打扫卫生
·在地上叠被铺被很麻烦	·晾衣服很麻烦
	·不想去取快递
	·早上扔垃圾很麻烦
	·不想坐通勤电车
	·不想开会

第三步：从已经不做的事开始依次划掉。

马上不做	将来不做
~~·今晚不想做饭~~ **→今晚在外面吃** ~~·不想去买东西~~ **→全部在网上订购** ~~·在地上叠被铺被很麻烦~~ **→买床**	·不想上班 ·不想打扫卫生 **→收入增加后委托家务代理** ·晾衣服很麻烦 **→全部拿去干洗** ·不想去取快递 **→设置快递箱** ·早上扔垃圾很麻烦 **→搬入可以24小时倒垃圾的房子** ·不想坐通勤电车 ·不想开会

要点：必须一天看一遍。

对于将来不做的事，想到了解决方案便写出来。

定期整理清单。

CHAPTER TWO

人为什么会做“不想做的事”

不放过自己“感到有点不协调”的地方

制作了“不想做的事清单”后，你会发现很多细节。

例如：

“被邀请参加朋友的结婚仪式，但我们并不那么熟，为什么要邀请我？”

以及：

“那个人热情地委托我做工作，但总感觉他不可信任。”

“属下请我‘一起去见那个客户’，但自己总感觉不太想去。”

你会注意到类似这些“自己当初为什么要答应”的事。

这些都是在你接到邀请、委托时就感到“不怎么想去做的事”。

实际上，这是你的内心在做出“不”“不想做”的反应。

但我们总是因为不好意思拒绝而答应，或是因为有条件做而接受。

制作了“不想做的事清单”后，重要的一件事就是去明确这些**“细微的不协调”**。

请大家将这些情况反映在清单中，例如“总感觉不怎么想去做……”但却答应了的事，以及感到有不协调却正在做的事。

这些细微的不协调今后会成为巨大的鸿沟，使你进退两难。

我认识的有钱人也十分重视这些“感觉”。

他们都认为与不协调相关的感觉很准，而且从不轻易答应任何事，也从不轻易去做任何事。

在制作“不想做的事清单”之际，请大家不要忽视那些日常生活中感觉到的细微的不协调。

CHAPTER TWO

并不是“能不能”而是“想不想”

如果以“能不能做”为标准的话，每天的生活会很枯燥

制作“不想做的事清单”之际的第二个要点是：**“不要以‘能不能’来判断。”**

想象一下，当你要在“不想做的事清单”中写入“不想坐通勤电车”时，你会想：“‘不坐通勤电车’是不是等于‘必须辞掉工作’。为了工作我连房子都买了，辞掉是不可能的，将这条写在清单里也没用。”

就这样，你放弃了这条。

这时，**重要的不是以“能不能”为基准，而是以“想不想做”为基准。**

例如你不想打扫房间，如果以“能不能”为基准考虑的话，便是“能”。

如果所有事都以“能不能”来判断的话，最终都会成为“因为能才去做”。

于是人生就会变为“我本不想做，但不得不做”。

我曾说过，“不想做的事清单”的价值不在于写好的清单，而在于制作的过程。

如果你真的不想坐通勤电车的话，不要考虑自己“能不能”做到，而是去考虑“怎样才能不坐通勤电车”。

CHAPTER TWO

如果你讨厌乘坐通勤电车，就马上辞去公司的工作

如果讨厌坐通勤电车，只要搬到公司附近住即可

顺便一提，对于“有没有什么方法可以不坐通勤电车”，其实有一个简单的方法可以解决。

那就是“搬到公司附近去住”。

这个方法我也试了，非常有效。既没有拥挤的人群，也没有通勤时间；既不需要担心末班车的时间，也不需要在意时刻表。

这正是毫无压力的通勤。

如果你在“不想做的事清单”中一开始写的是“不想坐通勤电车”的话，即使卖掉房子，找一个房租较贵的地方，也绝对有价值。

而我心里想的是，你实际上希望的或许并非是“不坐通勤电车”。

如果只是不想坐通勤电车的话，只要“搬到公司附近

住”就可以解决。

但我感觉，“不想坐通勤电车”背后隐藏的真实想法是：不想去上班，感觉上班很麻烦。

上司的指使很气人、与同事的交往很麻烦、对接待客户感到痛苦、讨厌每天同一时间起床、怎么努力都不涨工资、投诉太多压力大、不想穿没有个性的制服……

我认为是你的这些不满凝聚成了“不想坐通勤电车”这一想法。

于是我推荐大家做的是“辞掉公司的工作”。

理所当然地持有“辞掉公司”这一选项

我也拥有公司职员的经验，让我说的话，做公司职员的好处只有“会拥有社会信誉”和“稳定”这两项。极端地说，只要是公司职员，其市场价值就是零。

将人才作为商品来看比较容易理解。

如果将人才作为商品来思考市场价值的话，公司职员是以“与大家一样”为前提的，其价值自然不会高。因为无法与其他商品区别。

当然，公司职员中也存在很有能力的人，不乏在自己的领域中做出杰出成就的人，并不是说所有的公司职员都没有价值。

但与正在创业以及自由的人比起来，所属于普通公司的职员还是有不利之处，比如其价值不明确，难以判断其市场价值。

加之近年，公司职员赖以为生的“信誉”和“稳定”也因终身雇佣制的瓦解而岌岌可危。

无论你对社会做出了多少贡献，都有可能陷入被解雇以及公司破产的危险。

这样一来，本身市场价值就不高的公司职员，毫无准备地被抛入以市场原理运作的世界中，连做公司职员时的利处也没有了。

公司职员便成为这样一个存在——市场价值不高，“信誉”和“稳定”也得不到保障。

我甚至感觉到不可思议，为什么大家都不辞掉公司的工作？

其中还有人说“没有我，岗位就运作不了”，他无论是发烧还是下大雪的日子都按时上班，显耀自己的存在感。但只要这个人在公司工作，就有很多可以代替他的人。

如果对你来说，在现在的公司中，5年后、10年后，仍没有一位让你想要成为像他一样的典范的话，那就应该**扔掉“公司职员=稳定”这一梦想，持有“辞去工作”这一选项。**

CHAPTER TWO

以“时薪”判断收入

你有没有计算过自己的时薪

在制作“不想做的事清单”之际的第三个要点是，**“以时薪来判断一项工作”。**

在考虑“想不想做”某个工作时，该工作可以赚多少钱是重要的判断信息。

在此之际，很多人都是以月收入和年收入为基准。但我认为，**“以时薪作为判断基准”非常重要。**

因为，即使工资再高，如果进入了一个加班多、休息日还要上班的公司，将完全没有自己的时间。

也就是说，性价比不高。

我在会计师事务所工作时期，比同龄人拿的工资多。但我的加班时间和休息日的工作也多，一周里基本没有属于自己的自由时间。

我每天如同拉车的马一样工作，时间及精神上都没有宽余，当时我根本不知道自己是为了什么而工作。

有的工作的工资再高，换算成时薪也不划算

每个人想要的时薪不同，例如，如今如果在便利店以及饮食行业打工的话，时薪在1000日元左右。

而一个月收入为30万日元的公司职员如果按一天工作7小时、一周工作35小时计算的话，每月的工作时间就是170至180小时，计算下时薪的话，还不到2000日元。

这样看来，时薪2000日元以下的工作也可以划分为“不做”或“不想做”的工作。

也就是说，**以时薪判断工作内容与工作时间是否划算。**

即使你现在有不错的月收入，也希望你能以“时薪思维”想一下你精神上的自由以及时间上的自由是否对等、是否划算。

年收入、月收入、周薪、日薪、时薪……不要以总额来考虑工资，要以平均价来考虑。

CHAPTER TWO

与“不想做的事”告别的精神

放弃也需要激情

为不做“不想做的事”，需要三个重要的精神。

那就是**激情、忍耐和谦虚。**

首先需要的是“无论如何也不去做不想做的事”的“激情”。

如果没有这个激情，一直拖拖拉拉的话，你将会一直做自己不想做的事。

请大家要保持激情，停止现在因懒惰而没放弃的事。

无论什么事，只要坚持下去就会成功。这是真的。

然而，无论什么样的激情，都会如同浴缸中的热水一样，时间久了便会冷却。因此，接下来需要的是“忍耐”。

“坚持不放弃”，这就是能生存下去的最大武器。

我经常说：“人生是一场淘汰游戏。”

无论什么事，只要坚持，随着其他人不断落后，那个留到最后的人终将成为赢家。

是否能够坚持是成功与否的分歧点。

很多人得不到结果便选择放弃，但成功人士却一直坚持下去。**因为他们知道只要不放弃，自己终将获得成功。**

请大家保持激情，直至自己真正做到了“不想做”和“不做”。

第三点是“谦虚”。

人一旦达成大的目标后，便容易洋洋得意，变得骄傲起来。

我创业后的第一年赚了4500万日元，可到了下一年，虽然销售额达到了8800万日元，但毛利率从86%下降到了64%。这就是我骄傲的结果。

当时我学到的是，**无论自己做出了让周围的人如何叫好的事，自己也要对自己说“还差得远”，要经常保持“未消化”的状态，不失谦虚。**

我现在正努力出版销量能达到100万册的书。如果达成了100万册，我还会将目标设定为200万册、300万册。

我认为不应该安逸于自己达成的目标之中，要时刻心怀谦虚，不断地去追求梦想。

CHAPTER TWO

成功人士都是速战速决

放弃了“不想做的事”，便会看清自己真正想做的事

大家经常说，成功人士速战速决。

我也是对所有事都会在3秒内做出判断。

为什么我可以做到。

这是因为我经常去对照“不想做的事清单”，不断明确自己想做的事和不想做的事。

在这里，我向大家介绍一下我在做公司职员时期写的“不想做的事清单”：

①不想坐通勤电车

②不想加班

③不想开会

④不想介入公司的派别斗争

⑤不想赴宴应酬

⑥不想洗衣服

⑦不想打扫卫生

⑧不想取快递

⑨不想带零钱出门

⑩不想去便利店（不喜欢）

写完后，我看着这份清单，注意到了一件事。

①至⑤是有关工作的内容，⑥至⑧是有关家务的内容。

由此我清楚了一件事，若想不做上述这些事，我最终需要做两件事，即“辞掉公司的工作”以及“委托他人做家务事”。

从那时开始，我的人生开始了激烈的变动。

我在公司工作期间开始做副业，当副业有了点眉目后，便从世界顶尖企业离职，然后开始创业。

正是由于我的这一决策，我第一年赚了4500万日元，第二年赚了8800万日元，第三年赚了1亿5000万日元……从第四年开始则连续4年获得1亿日元以上的收入。

在我月收入超过50万日元后，又过了3年，我开始委托家务代理帮我做家务。

将真正想做的事培养成“梦想”，然后将其实现

为什么制作了“不想做的事清单”后，人生会发生巨大的变化？

我认为，**彻底地去思考如何“不去做不想做的事”，才能透过“不想做的事”，看清自己真正“想做的事”。**

我当时对列出的几点——“不想坐通勤电车”“不想加班”“不想开会”“不想介入公司的派别斗争”“不想赴宴应酬”，实在是怀着非常强烈的反感。

因此我才能够选择辞去世界首屈一指的企业。

“绝对不做××”，这一想法越强烈，自己“想做的事”就会越明确。打个比方的话，就好像是幻想症一样。

我在小的时候就梦想着成为有钱人，但在制作“不想做的事清单”之前，这一梦想十分模糊。

通过制作“不想做的事清单”，“成为有钱人”的这一想法也更加清晰，并逐渐膨胀到让我感到“这是不是梦想”的地步。

从此我得出一个经验，先制作“不想做的事清单”，待自己想做的事情明确后，将其变为梦想，然后向实现梦想出发。

如果同样是梦想的话，我认为不如怀着“进攻的梦想”

比较好。

所谓“梦想”，不就是一种进攻性十足，会让人觉得自己可能发疯了的东西吗？

梦想就是要越不着边际越好。

我个人认为，要做到能够让人觉得“那个家伙是不是有幻想症”的程度正好。

如果梦想的程度太低，则称不上是梦想，只是“目标”。

请大家在制作“不想做的事清单”后，梦想一下自己想做的事。

我成为万里挑一的有钱人的理由

我在高中时期，曾考虑去考早稻田大学或庆应大学。

但从当时我念的高中来看，由于偏差值很大，谁都会以为我是在开玩笑。

结果我复读两年，未能考入早稻田和庆应，而是进入了立命馆大学。

但即使是立命馆大学，我也是自我校创立20年以来唯一的一个考入大学的人。

该校每年都有400名毕业生，20年就是8000名毕业生，这样计算，我便是以八千分之一的概率考入了立命馆大学。

我并不是在这里显耀。我想说的是，我在高中时期，就是怀着八千分之一这一概率很低的梦想。

当时我完全排除了“讨厌的事”，一心为了考入大学而学习。

据称，1000人中只有2人的年收入能达到1000万日元；1万人中只有1人能达到1亿日元。

我现在的年薪已有1亿日元以上。仅仅在15年前，我还上着偏差值只有35的高中，而现在，我便成了那1万人中的1人。

我认为，无论概率如何低，只要自己下定决心要成为那个人，就一定能成功。

当然，我不是说一定要去做那一万分之一。

但我们的人生只有一次。

与其以大家都能做到的事情为目标，不如怀着谁都做不到的“进攻的梦想”前进比较好。

这对于帮助自己不去做“不想做的事”也是一个巨大的动力。

CHAPTER TWO

对待数字绝不囫囵吞枣

百分比以及概率并不代表实际情况

前面曾说过，年收入1亿日元的概率是，1万人中只有1人。那么其他的9999人都是以年收入1亿日元为目标吗？并不是。

例如，在早稻田、庆应，有的学部的应试比值超过10倍，但并不是所有应试者都具有早稻田、庆应的学习水平。

大部分人都只是为了留个回忆而去考试，或是怀着碰运气的心情参加考试。

也就是说，如果按相同水平的竞争对手来看，只有2倍至3倍的人。不要被表面上的数字吓到，从而将自己的梦想降低至普通的目标。

不要被数字的幻术所蒙骗

同样，“平均”也是个狡猾的东西。

例如在10人中，有9人的年收入为500万日元，剩下1人的年收入为1亿日元，合计1亿4500万日元。除以10的话，平均每人为1450万日元。

也就是说，在10人中，有9人的年收入低于平均值。而且这9人的年收入远低于平均年收入的一半，甚至只是平均年收入的三分之一。

这便是数字的幻术。

我现在正作为集资的专家，为不动产投资提供方案与建议。据说，现在公司的职员平均年收入为450万日元，但来我这里咨询不动产投资的人，很多年收入只有300万日元左右。

总之就是**不要过于相信统计。**很多人认为概率低的事物“做不到”，于是便放弃挑战。其实并非如此。

请大家不要被数字所束缚，从而缩小自己的梦想。

CHAPTER TWO

通过虚拟体验不断使梦想接近现实

促使我实现梦想的一件事

我现在雇佣专属司机开车。

创业后大概第七年我才开始雇司机。

我一直想要一个专属司机，但一到了要雇佣的时候，便开始觉得“有点奢侈”，很难下定决心。

但之后发生了一件事，使我决定雇司机。

我认识一名社长，那是我坐他的车时发生的一件事。

当时我和那位社长一同去聚餐。结束后，社长说要开车送我回家，我便答应了。

坐上去才发现，这辆车是由专属司机驾驶的。

而且这位司机的驾驶技术真好。

启动十分安静、平滑，行驶时车身如同静止一般，乘坐十分舒心。停车时也是十分平稳，我感觉在不知不觉中就到家了。

当时的舒适感令我惊讶。

我不禁在心里叫好。于是不久，我也雇了自己的专属司机。

通过体验，抓住梦想实现后的真实感

如上所述，对于那些自己觉得“比较好，但却说不出理由”的事物，就应该去尝试一下，哪怕只是尝试一小下。

例如，如果你想要一辆法拉利，那就去法拉利的销售店试驾一下。我也是因为在做公司职员时期，曾试驾过玛莎拉蒂，此后才购买了一辆。

如果你想住进高层公寓，那就去看房。

我从做公司职员时期开始，便住在高层公寓中的底层里（底层比高层房租便宜）。那时我曾研究过从高层坐电梯下来的有钱人的举止，而我现在已住进了公寓的高层。

无论什么事，都应先体验一下。

通过体验，可以具体地想象出我们的梦想实现后的真实生活。

尽可能地将梦想落入日常的真实生活中，提高其现实化的概率。

CHAPTER TWO

多与“新世界”的人交往，而不是与“当前世界”的人

思考自己5年后、10年后、20年后的样子

我经常使用“当前世界”和“新世界”这两个词。

例如，如果是在大学1年级，那么当前世界便是大学1年级，新世界便是大学毕业后。

我在大学时期，认为就职、海外、资格这三样就是新世界。

我当时身为学生，“就职”即是步入社会工作，正是通往新世界的入口。

另外，我一直住在日本，因此“海外”也是使人联想起新世界的词。“资格”也是引领自己步入新舞台的一个十分具有诱惑力的词。

接着在我就职后，在脑中描绘着“跳槽”“创业”等新世界的词。

也就是说，**当时我是在模糊地思考自己5年后、10年后、20年后的样子。**

我认为，**如果想成功的话，重要的是不断在脑海中思考新世界。**

但很多人只考虑当前世界，不考虑新世界。

新世界的人一直比你领先一步

很多人的人生都只是往返于家与公司之间，也就是说，他们只生活在当前世界里。

“对自己而言的新世界是什么？ 3年后、5年后，自己生活在什么样的世界中会感到快乐”，如果你开始这样梦想的话，你的人生必定发生变化。

而且，**当你开始展开行动、向着新世界前进的话，新世界便会逐渐变为当前世界。**

实现梦想的重要一点是，**多与“新世界”的人交往，而不是与“当前世界”的人交往。**

当前世界的人很多情况下与你所处的环境相同，与你的思维也相似，因此你会觉得与他相处很舒适，而且有安心感。

但因新世界的人一直比你领先一步，所以一开始在一起时，你可能会感到不舒适。

可他们能够看到你所看不到的世界，持续交往下去，你会逐渐感到与他们相处十分快乐。更重要的是，他们能将你带往新世界。

请大家多与新世界的人交往，不要退缩。

CHAPTER TWO

若想获得成功，行动的“量”和“速度”是关键

无论任何事，尽早开始可以获得压倒性的“量”

实现梦想有几个要点，其中，**行动的量和速度是重要因素。**

更多地付诸行动，就能得到更多的结果。比他人开始得越早，就越能更早地获得成功。

这与学习相同，越早开始学习，偏差值提高得越快。任何事情都是一样，开始得越早，就越能积累更多的经验。

在追求“质”之前，先做出“量”

可能有人会想，无论如何行动，如果没有质量的话，不是也没有意义吗？其实并非如此。

任何事情都是“只有量才能生出质”。

无论是什么样的普通人，只要投资大量金钱、花费大量时间、开展行动，就必定会得到结果。

当你开始开展什么行动时，你就会意识到："这个向别人请教一下比较好""这样做更有效率"等。这样一来，你的行动就会不断得到改善，最终得到结果。

反过来说，为了能有这些意识，就必须做出一定程度的量。

我在复读的2年和复习备考注册会计师的3年间，每天早上7点起床，直到晚上12点，除吃饭、洗澡外，不休息地进行学习。

无论做什么事，若想得到结果，重要的是要比他人开始得早，并花费更多的时间。

CHAPTER TWO

把事情交给别人做，自己的梦想成为现实的速度将变快

增加自己时间的方法

要想将梦想变成现实，巧妙地借助他人的帮助也是很重要的。

顺便一提，成功的经营家分为一流的经营家、二流的经营家、三流的经营家。

首先，三流的经营家是指那些只是自身优秀的人。

因此，如果他不在的话，公司将无法运作。这样的经营家无法将自己知道的东西教给周围人，或将其系统化。

二流的经营家则会有一个自己的左膀右臂，只有他和这名信任的部下非常优秀。然后经营家可以让自己的左膀右臂负责自己的工作。

最后，一流的经营家当然就是指那些自身和周围人都优秀的人。

上面的人培训下面的人，然后下面的人再继续培训新人。这样，即使经营家不在公司，下面的人也可以通过自

己的判断开展工作。一流经营家的企业就是形成了这样的一个系统框架。

实现梦想，就需要具有可以交给周围人去工作的能力，以及在自身周围培训出与自己一样能干的人的能力。

自己的工作可以交给他人做的话，那么自己的时间就会不断增加。

当然，即使传授自身的技能，对方也未必能马上掌握。

但只要坚持不断地去耐心传授、做示范，自己的工作终将能够交出去。

被问及做法时，不要马上回答

在向他人传授方法时，**重要的是与对方做充分地交流。**

善于传授的人在对方请教时也不会马上回答。比起直接传授，他们会花更多的时间让对方自己发现、自己思考。

然后倾听对方的想法和发现，最后告诉对方“就是这么回事”。

传授的人如果坚信“能做到”，对方也会显著进步

在向人传授时，比起“技巧”更重要的是“精神”。

无论传授方的教法如何优秀，如果被传授方不努力，也持续不下去。

因此，传授方需要的是**“信念的力量”。**

相信“这个人能做到”十分重要。

如果认为“这个人不行”，这一态度将影响到对方。

通过相信“他总有一天能够学会”，便会促使对方成长，不知不觉间你便会发现，已经可以将工作放心地交给他做了。

与他人做同样的事会得到同样的结果，与他人做不同的事会得到不同的结果

有钱人是与其他人做不同的事的人

我继续讲尽快实现梦想的要点。

接下来要讲的是，**“做别人所不做的事”。**

获得成功的人，都是因为坚持做别人所不做的事，所以才能获得成功。

与他人做同样的事会得到同样的结果，与他人做不同的事会得到不同的结果。这是理所当然的道理。

有钱人都是因为做与别人不同的事，因此才获得了巨大的成果。

为什么越是不认真且单纯的人越能获得成功

稍稍换一个话题，我认为越是不认真且单纯的人越容易实现梦想。

因为不认真且单纯的人能够马上开展行动。

例如，聪明人考虑10个小时，然后行动1小时。

不认真且单纯的人认为考虑也没用，然后行动11小时。

俗话说“枪法虽差，多打几次也能中”，多行动，成功的概率便会提高。

像视频网站主播之类的人正是这样。

最近能看到有人在街头拍摄视频。普通人还感到那么做“丢人”，很难付诸行动。

而不认真且单纯的人则不在意旁人的眼光，不断拍摄视频并上传到网上去。

也就是说，就像视频网站主播这样，**越是不断做别人不做的事，越容易成功。**

面对难以达成的事，你是畏怯退缩型？还是奋勇向前型？

机会青睐那些挑战麻烦事的人

我已经反复写道“为了不去做不想做的事”“为了做自己真正想做的事”，就要“马上开展行动”。

但“真正不想做的事”或“真正想做的事”的质和量越大，自己越懒得行动。这也是事实。

以资格考试为例，考簿记3级[1]和考律师资格的难度明显不一样。

如果是考簿记3级，有的人可能下班后去书店买了参考书，马上就能开始学习。

但如果是考律师，连选参考书都觉得麻烦。

1.“簿记”指的是一种记账方式，类似于我们所熟知的会计，但又并不完全相同。日商簿记则是由日本商工会议所及各地商工会议所举办的一项从业资格证的考试，又叫“日商簿记检定试验”。同日语能力考试一样，日商簿记也有等级分别，一共有四个级别，由低到高分为4级到1级，一般拥有3级或2级资格就足以应对日常相关工作了。

越是难以达成，其后人生发生改变的概率越大

成就感与难易度成正比。

以先前的资格考试为例，考出正式会计、医师许可、律师资格证的成就感远比考下簿记3级的成就感大。

因为大家都清楚，**自己的目标越难以达成，成功后的人生变化越大。**

以我为例，原本偏差值为35，但现在也过上了自由的人生，这是由于我通过了注册会计师考试这一难关。

也就是说，**正是对大多数人来说感到麻烦的事，其中才蕴藏着机会。**大多数人都感到麻烦的事，也就是谁都不想去做的事。反过来说，竞争对手也会少。

越是困难的事，成功后的成就感越大。

“为了不去做不想做的事”“为了做自己真正想做的事”，请大家去挑战一下困难。

CHAPTER TWO

被抛弃的人会成功

留下退路还能成功，人生并非如此简单

我在进入会计师事务所后第三年的10月开始考虑创业。

然后我从那一年的10月开始做副业攒钱，于第二年的1月提交了辞呈，于3月正式辞去了工作。

有意思的是，我于1月份提交辞呈后，副业赚的比之前更多了。

我从1月到3月间，共赚了400万至500万日元。

我当时想的是“即使辞了工作，也不想降低生活质量，那就只有硬着头皮干下去了”。现在回想起来，正是因为我逼着自己干下去，才能成功。

人还是不预备退路，才能激发出干劲。

尽管一边做着本职工作一边做副业的话，精神上的压力小，比较轻松。

但在我周围开始做副业的人，一两年后都不干了。

失败时就想“发现了一个行不通的方法”

观察那些身兼本职和副业的人则会发现，他们必定会迎来一个需要选择的关键时期。

在那年，我在从10月开始的3个月间，也是在犹豫“是否辞了工作”，因为自己在副业上赚得也一般。但我从第二年的1月开始赚钱了。

当然，也有人认为，我经过3个月的时间，已经习惯了赚钱的技巧。但我认为，是因为当时我的想法发生了很大的变化，我认为自己已经没有退路了，只有硬着头皮干下去。

当然，先有一定的保障再去开始新的挑战也不是坏事。

这与不行动的人相比有天壤之别。

但我认为，同时兼顾两边的时间越短越好。

有种说法叫作“失火现场的蛮力”（在紧急关头冒出的蛮力），人到了紧要关头会产生超出自己想象的力量。

有些力量是在陷入困境时才会诞生的。

何必惧怕失败，放手干即可。

失败了从头再来。

如果你有从头再来的决心，任何事都能做成。有的人很谨慎，从副业开始，这样的人很难有这样的觉悟。

我甚至认为“能够失败是很幸运的事”。

失败一次便会“知道一个行不通的方法”，并以游戏心理不断去挑战。

人生只有一次。

与游戏不同，我们不能做到“这次的人生我要做自己想做的事”。

请大家不要惧怕失败，去挑战“不做不想做的事的人生”，“做真正想做的事的人生”。

第三章

CHAPTER THREE

计划“最好的1天”，并使其成为日常

CHAPTER THREE

使“最好的1天”成为日常

不是1年=365天，
而是最好的1天×365天

在第二章，我主要讲了制作“不想做的事清单”以及实现“真正想做的事”的方法。

但即使暂时实现了梦想，如果不持续下去，也不会得到“最好的人生”。

在本章，我讲一下实现梦想并将其持续下去的方法——使最好的1天成为日常。

大家都认为“1年=365天”吧。

但我不这么认为。

我认为**1年是最好的1天×365天。**

“计划出最好的1天，并不断重复下去”，这是实现梦想并使其成为习惯所必要的方法。

例如，很多人正在重复下述事情：

虽然不愿意坐拥挤的电车，但没有办法，只能坐电车上班。

虽然不想在休息日收拾屋子和洗衣服，但不得不做。

这只不过是每天习惯性地做“不想做的事”而已。

也就是“习惯性的1天×365天”，并非最好的1天。

因此，重要的是完成**“不做不想做的事的1天”“做想做的事的1天”，然后使其成为日常。**

实际上，成功人士每天都在过着“最好的1天”。

人生不需要优先次序

人就是选项越多越容易犹豫的生物。

例如，如果你是住在无人岛上的话，就不会犹豫去哪家餐馆吃饭了吧。因为你只能选择打鱼或采果子吃。

但现在，如果要吃饭的话，就会犹豫不决：

“中午吃乌冬怎么样？”

“还是咖喱吧！”

“但妻子说不想吃咖喱，如何是好？”

有一个知名的传闻：史蒂夫·乔布斯为了不在穿着的选择和决断上花时间，每天都穿相同的服装（深蓝色直筒领T恤、牛仔裤、运动鞋）。

经常有人说“优先次序很重要”。

优先次序固然重要。

工作重要、家庭重要、朋友重要、恋人重要……

但我认为**不排优先次序才是最重要的。**

因为如果做所有事时都形成一个“只有这个最重要”的状态的话，就能做到心无旁骛了。

例如，想在工作上成功的人，如果增加自己的选项，比如“与朋友玩很重要”“与恋人约会很重要”，那么他通往成功的路也会变长。

另外，想要考医师、律师、注册会计师这三大资格证的人，如果按照“第一是学习，第二是朋友，第三是女朋友”的顺序排序，并以此分割时间的话，那估计他永远都考不出来。

以“唯一思维”去计划“最好的1天”

在工作上成功的人、在体育上做出成果的人，大多是持有**“唯一思维”**的人。

不是“or（或者）”也不是“and（和）”，而是“only（只有）”，这样就能够持续做一件事，从而获得成功。他们因为只专注于自己想达成的事，所以能够获得巨大的成功。

我觉得每个人在人生的各个场景中，其“最好的1天”的含义都不一样。

但是，对于那些“想在工作中做出成果”“想成功”的人，建议你从自己身边的各种事情开始，计划没有选择的一天，并一味地重复下去。

这终将为你带来“最好的1天”。

CHAPTER THREE

只要坚持1万小时便可成为成功人士

“每天15小时”，坚持3年便是1万小时

我经常推荐给人的思维方法中，有一个叫作“1万小时法则”。

这是指学习某个领域的技术需要1万小时的练习、努力、学习。

我在复读期间以及在备考注册会计师考试的时期，一天学习16个小时以上。除睡眠时间、吃饭、洗澡以外的时间，都用来学习。

待在家里容易偷懒，所以我每天早上7点出门，24点回家，这样的生活持续了3年。1年有365天，3年一共1000多天。

假设1天学习15个小时，1个月450个小时，1年5000个小时，那么3年便是15000个小时，正好符合“1万小时法则”。

获得惊人结果的人不一定是“天才”的理由

医生、律师、注册会计师、运动员等凡事名列前茅的人，每天都在努力。

他们绝不会想：“今天心情不好，不学了”“昨天学了很多，所以今天休息一下”。

被称为拳击天才的井上尚弥选手的父亲接受采访时说：“我不喜欢听到他（儿子）被称为天才。”

“我儿子从6岁开始就拼命练习了。”井上的父亲说。听到这句话时，我想起了“1万小时法则”。

如果心里只想着拳击，每天练习15个小时，坚持20年的话，总共就是10万个小时。

实际上，他是花了“1万小时”的10倍时间才获得了现在强大的实力。所以只凭才能就被人称为“天才”当然会感到有问题。

正是因为他具有日复一日做基础练习的非凡精神，以及持续365天的毅力，他的才能才会绽放出光芒。

这不仅限于拳击。

无论做什么事情，要想获得巨大成果，都需要这样的持续力。

CHAPTER THREE

无法计划出“最好的1天”的人，请尝试从晨间活动和晚间活动开始

每天30分钟，做自己喜欢的、在意的事

就算想把自己的一天设计成“不做不想做的事”“做真正想做的事”，估计也有很多人会说，因为工作忙而做不到，或者因为家人而做不到。

那么，我建议这样的人**首先应该从晨间活动和晚间活动开始。**

例如，无论如何都讨厌现在的工作的人，早上要早起30分钟，腾出时间做副业、找工作、复习资格考试的题目等，为采取行动创造时间。

实际上，我在会计师事务所工作并决定独立的时候，也会早点起床做做副业，或者提前上下班时间，去参加研讨会和演讲会。

另外，难以发现自己想做的事的人，也可以在晚上做一些“过几天有时间想要做做看”的事。

例如，看之前录下来的电视剧，阅读堆积如山的书，玩

喜欢的游戏，看喜欢的搞笑艺人的视频……

任何事都可以，把自己喜欢的或推迟了的事，放在每天晚上做。

很多“找不到想做的事”的人，不是不知道自己想做的事，而是把想做的事封印在了内心深处。

他们优先做那些每天应该做的事、必须做的事，所以慢慢地忘记了真正的乐趣和喜悦。

为找回真正的乐趣和喜悦，请一定要尝试一天30分钟的晨间活动或夜间活动。

超过30分钟是浪费时间

但是，不要一下子就想着每天“干1个小时”。

因为**将其日常化的重点就在于“30分钟”这个时间。**

如果超过30分钟，就会失去集中力，时间变得充裕，甚至连不必做的事也做了。

特别是资格考试和语言考试等学习类的事情，最好是采取“10分×3”这样的时间学习。例如10分钟读书，10分钟收集信息，10分钟复习。

当然，在这30分钟内做什么事都可以，但是有一件事希望大家一定要做。

那就是**确认一下“不想做的事清单”。**

每天看一看“不想做的事清单”是改变自己人生的重要时间。

CHAPTER THREE

心怀“投资思想”会减轻对挑战的担忧及恐惧

无论如何想做的事，如果投资回收的希望不大就应放弃

前几天，有一位31岁的男士咨询说，想放弃现在的工作，参加注册会计师考试。

不管到了多少岁，去挑战都是很好的事，但是这个时候我回答说“还是不要这么做的好”。

因为，要通过注册会计师考试，最短需要2年的学习时间。我很幸运第二次就通过了，尽管如此，还是花了4年的时间。

如果这位先生从现在开始学习，假设在第二次考试中通过了，包括准备期在内，到了可以正式开始工作的时候，也应该是三十七八岁了。

而且，他是从30多岁——一个记忆力正在衰退的年纪开始备考这个被认为难度很大的注册会计师考试，说不定还要在此基础上多花个2年或4年。

这样的话，他是要将30岁之后，黄金的6至8年时间全部用于备考，我觉得这从投资的角度来看，效率很低。

考虑一下我在通过考试之前所花的时间和费用，我认为成为注册会计师后，最少要持续3年，才能收回成本。

考虑这位先生的情况，即使他顺利地在40岁左右成为注册会计师，从那之后的4到5年就会进入投资的回收期，所以从投资的角度来看，他要过了45岁才能开始赚钱。

这样风险太大。

无论是自己多么想做的事，我认为还是要考虑一下："自己花费这些时间能得到什么？几年后，会有什么样的回报？投资这些时间和金钱有好处吗？"我将这种思考称为"投资思维"。

回收的时间跨度越大，回报也越大

任何事情如果不花时间、不花金钱、不好好努力，就不会得到大的结果。因此，即使回收的时间跨度较长也没关系。

反而是回收的时间跨度越大，得到的回报也越大。

我现在也在做房地产投资的咨询，房地产投资正是这种模式。

但是，很多人只在意对挑战的不安和恐惧，只在意花的金钱和时间，并没有将回收列入自己的估算之中。

他们缺乏“投资”视角。

那么，为什么很多人会先想着在短时间内赚钱或马上获得结果呢？

那是因为**他们都在为眼前的事全力以赴，考虑不到将来的事。**

从我的经验来看，**在艰苦时期能认真考虑将来事情的人会成功。**

此前已经说了很多次，我为考大学复读了2年。因为在第一次复读后没有考上希望的大学，所以我决定复读第二次。

从投资的观点来看，考虑到5年后、10年后，我认为再复读1年从一流大学毕业的话利处会更大。而且正因为当初的这个决定，才有了现在的我。

但是，对于前面讲的那位31岁的男士来说，虽说时间跨度大收益也大，但把最赚钱最快乐的工作时期作为学习和投资回收的途径是很可惜的。

为了不让没有什么回收的日子成为日常，请掌握好这个“投资思维”。

CHAPTER THREE

知道到达目标的最短距离很重要

养成经常思考“哪条路最短”的习惯

我不建议前面讲的那位31岁男士去考注册会计师还有一个理由。

我问他：“考出注册会计师后想干什么？”他回答说：“我想独立，做大企业的审计工作。”

但是，像他希望的那种大企业的工作，大多由大的会计师事务所负责。

因此，即使他作为注册会计师独立，也无法马上接到大企业的审计工作。

相反，所有刚刚起步的注册会计师的工作，有可能是以帮助个人雇主纳税申报、制作中小企业的决算书等所谓的税务师业务为中心。

那样的话，不如考虑干脆成为税务师。

即使你是为了自己的目标，如果以错误的方向度过了365天，也就没有任何意义了。

为了达成目标，**养成经常思考“什么是最短路线”的习惯是很重要的。**

要是能重新开始人生，你会怎么做？
我回答“16岁创业”的理由

前几天，有人问我：“你现在已经成功了，但是如果再给你一次机会的话，你觉得哪条路是通往成功的捷径？”

我思考后，回答道：“16岁创业。”

结束了中学义务教育后，马上去大城市，积蓄自己的力量。当然，与此同时进行创业。

这样的话可以比普通人更早开始，可以得到一定优势。

而且，如果是16岁的企业家，可能会引起很多人的注意，也会被媒体等报道。

我描绘出了一个年纪轻轻就加入成功者行列的蓝图，而这绝不是在说梦话，但这一定是特例。

如果你有想达成的远大目标和梦想，请经常研究一下最短的路线在哪里。

不将时间花费在超出自己标准以外的事上

不擅使用时间的人，就是没有标准的人

难以实现“最好1天”的计划，理由之一就是，**自己的“基准”还没有确定。**

例如穿着。如果决定了自己喜欢的颜色、样式等标准，不买其他东西的话，就不会在买衣服上犹豫了。

另外，如果买好一周的衣服，每天轮流地穿自己喜欢的衣服，就不会再犹豫早上穿什么衣服了。

为了不做不想做的事，像这样明确标准就很重要，但是我也知道事情并不是那么简单。

特别是对于喜欢时尚的人来说，这个方法就很难吧。

因此，我们先放下喜欢的事来考虑。

对于违背标准的事，要有放弃的勇气

例如晚上的聚餐等，如果决定了“1周参加2次聚会”，

就可以制定一个拒绝其他邀请的“基准”。

如果是自己想见的人、想一起喝酒的人的邀请，将其转到下一周即可。

当然，如果设立了“为建立人脉，每天和想见的人聚餐”的目标，则属例外。

但是，只和同事发牢骚的聚会，只说过去回忆的同学的聚会等，虽然可能会使你得到休息，但对于实现自己的目标来说是不需要的。对于这些聚会，需要有断然拒绝的勇气。

一天只有24小时，为了度过365个“最好的1天”，没有一分钟是不需要的时间。

请设定自己的标准，除重要的事情以外，都排除掉吧。

CHAPTER THREE

并非“时间就是金钱”，而是“时间就是生命”

这是值得浪费自己的生命去做的事吗？

虽然有句谚语“时间就是金钱”，但我认为，这句话说得还不够。

对我来说，**“时间就是生命”。**

我们每天、每时、每刻都在朝着死亡前进。

其中，现在你在做的事，值得耗费自己的生命吗？是有回报的事吗？

如果有人说，“我无论如何都避免不了去做不想做的事”，那么请你好好考虑这一点。

那到底是不是值得你牺牲自己的生命去做的事。

如果你考虑到这一点，就会自然而然地得出答案，也就可以轻易放弃不需要的事物了吧。

保护好自己，不要让最大的时间小偷
——“智能手机”偷取时间

我认为在现代人的生活中，最大的时间小偷就是“智能手机”。

假设为了查找什么而打开手机。

这时，很多时候我们就会不自觉地去浏览网页，看些不相关的东西，等意识到的时候，时间已经过去了很久。

因此，为自己定下规则很重要。例如，即使有消息提醒，**除了规定的时间以外不看智能手机。**

我在创业前的晨间活动和晚间活动期间，都是把手机设为飞行模式。

这样就不用在意邮件通知等，可以集中精力做自己想做的事了。

同样，如果下载了各种各样的手机应用程序，也会忍不住去看。所以我除了最必要的应用程序以外，其他全部删除，并将它们简单地放入一个桌面。

习惯进行时间管理

通过商务人士常用的“番茄时间管理法”，省去无用的时间

即使想设计“最好的1天”并将其付诸实践，但如果回到家就在沙发上拖拖拉拉的，或者查看邮件时，不知不觉地变成了阅览网页，那么“最好的1天×365天”永远也实现不了。

另外，虽然下定决心要复习资格考试的题目，但估计有不少人总是忍不住打开电视、看起手机吧。

在这里，我向这样的人推荐“番茄时间管理法”。

这是受到商务人士们青睐的时间管理法，所以想必很多人都知道。我现在也在利用这种“番茄时间管理法”管理时间。

25分钟集中精力，5分钟休息，以此为一组重复三次

“番茄时间管理法”需要的是秒表，没有秒表的人请使用手机中的计时器。

方法很简单。

首先，**先列出需要做的事，比如工作、资格考试复习、语言学习等。**

列完后，将秒表设定为25分钟，在25分钟内集中做一个任务。然后到了25分钟就休息5分钟。

以此为一组，共做三组，也就是1小时30分钟。

当然，在这25分钟内，禁止查看社交软件、打电话等一切活动。

如果想汇总起来查看邮件的话，就作为任务之一编入25分钟的工作时间内。

我也尝试了一下这个方法，发现可以再集中一点，所以我现在是集中45分钟，休息15分钟。

这个时间管理法推荐给自由职业者，以及想从事副业的人。

通过定时管理时间，可以切断多余的事，集中精力做现在自己想做的事、该做的事。

只将自己的计划写在记事本中，排除无用的计划

将只属于自己的时间也写入记事本，并切实地落实下去

“那个人总是很忙，但是做得很慢”，你周围有没有这样的人？

这样的人每天都被“不想做的事”“不用做的事”“没用的事”填满，已经到了寸步难行的地步了。

因此我推荐的是**“把只为自己安排的日程写下来”。**

我想很多人都在日程表上写了会议、商谈、演讲会的日期，工作截止日期，酒会的安排等。但是有没有写自己的安排？

没有写的人请把“每周三的19点去健身房”“周五的晚上去看电影““周日去美术馆”等自己单独的日程写在记事本上。

以自己的计划填满日程，摆脱无益的邀请和诱惑

我在准备创业的时候，把自己应该做的事都记在了日程表里，并进行管理。

类似“7点至7点半晨间活动”“19点至19点半在书店收集信息”等。

我把每天的日程放在谷歌日历上，一到那个时间就会响起闹钟。我就是通过这个方法，得以循环365天。

觉得日程排得太满的时候，把像“15点至16点休息”这种休息时间也写在笔记本上，适当休息。

人是随气氛变化的生物。

脑子里想着“星期五去看电影”，但是有同事邀请去喝酒的时候，总是会忍不住诱惑。

通过把自己单独的计划写在笔记本上，可以摆脱无益的邀请和诱惑，在最短时间内“放弃不想做的事”。

CHAPTER THREE

“少壮不努力，老大徒伤悲”是真的

祖父的教导是真的

我的祖父总是说：“年轻的时候多吃点苦，以后的人生就会轻松很多。”

那虽然不是我的座右铭，但不知道为什么这句话从小就深深地刻在我心里。

因此我在复读时期和大学生时期真的很努力学习。

此前也说了好多次，当时我一天学习16个小时。

特别是在大学时期，周围的学生都在玩，我却冷眼看着他们，心里说：“你们趁现在玩吧，以后就会吃苦了。相反，我以后绝对会好好玩的。”

趁可以努力的时候先吃苦

我在高中的3年间，为了成为音乐家，我一年365天坚持着自己的计划；在复读的2年间，为了考上一流大学，我也在每天坚持着；在大学时期，为了通过注册会计师考试，我依旧每天坚持着。

这合计起来就是8年。

如果人生中一定要有一段吃苦的日子，那就不要等到上了年纪，而应该趁年轻就去吃苦。

因为，**年轻的时候更有体力。**

即使减少一点睡眠时间也可以长时间工作。

但是，一上了年纪，体力就会衰退，身体容易疲劳，注意力不能持续集中，记忆力也会下降。

只有在年轻的时候才能努力。我觉得在这个时代提前吃苦是很好的事。

CHAPTER THREE

要思考需要做什么
才能超过自己视为目标的人

如何弥补与自己视为目标的人之间的差距

就我自身而言，在学习方面，我与从小就努力学习的人相比落后很多。

很多人之前一直以考入偏差值高的大学为目标学习。在我18岁时，我所处的情况很糟糕，我必须赶超那些人在小学、中学、高中12年内所做出的努力，才能考入大学。

这样考虑的话，采取与偏差值60左右的人相同的学习方法，是绝对考不上的。

那么我是如何做的？

就是学。

偏差值60的人每天学习10个小时的话，我就学16个小时！我这样下定了决心，从此之后一天便学习16个小时。

我现在以累计出版100万本书为目标，平均每月出1本书。但是，现在有人已经出了100本书。

那么，**为了超越那个人，我该做什么？**

如果那个人每年出3本书的话，我每月出1本，10年就是120本，11年能接近132本，我花11年就能超过他。

在考虑365天的日常计划时，也要考虑该如何度过重要的每一天才能超越在前面奔跑的人。周围的人现在处于什么位置，自己处于什么位置……要考虑这些情况。

CHAPTER THREE

在人脉上花钱，自己的收入会提高

掌握营业能力和筹资一样重要

如果你想创业的话，投资人脉是最好的方法。

如果你有自己视为目标的人，直接和那个人见面、说话，这样会让你铭记于心，也会为你带来动力。

如果要花3000日元、5000日元去和朋友聚会的话，不如将钱用于与自己视为目标的人见面。

利用研讨会或演讲会与其见面比较好。

我在准备创业时，每天都与自己视为目标的人见面。

然后将这种活动与人脉建设纳入日常活动之中。

说到底，**任何工作，如果没有“与人的联系”，就不能成立。**

从小公司到拥有数万人的大企业，大部分公司都有“营销部”这个部门和专干营销的职员，由此可见，工作必须要有人介入才能成立。

特别是在创业阶段，首先需要自己去推销、接受订单，所以扩大人际圈变得越来越重要。

珍惜与他人的相遇，会提高自己的收入

我从创业以来就十分珍惜与他人的相遇。

自己一个人能做的事是有限的。

而且为了提高收入，召集很多优秀的伙伴是很重要的。

就像我之前说的，在我准备创业的时期，每天都会与自己视为目标的人见面。

但是有一次，我发现一股脑地去见人也是没有意义的。

于是，我在创业之后，为了召集优秀的营销职员，便在视频网站上制作并公开了30个小时的关于营销的研讨会视频，然后请来应聘的人观看那个视频，并进行面谈。这样，我一共召集了300名赞同自己想法的营销员。

然后，我让这些营业员和我以前一样，每个月去见很多人。

其中也有不少人没有采取行动就落伍了。

但现在和我的想法一样，能以同样速度工作的营业员有100人。

这样去扩大人际圈，一个人就会联系到另一个人，结

果就会使你的收入增加。

工作是由“人”为你做的。

请大家在365天内都下意识地去建立那些与工作相关的人脉。

CHAPTER THREE

所有决断在 3 秒内完成

“慢、不做、不多做”是愚蠢透顶的行为

此前，我说过任何事都要在3秒内决定。

特别是在开始新事务时的决断越快越好。

因为要想成功，数量、质量、速度的三拍必须一致。

如何能比别人更早开始、比别人效率更高地学习和工作，是成败的分水岭。

即使质量不好，如果速度足够快，也可以通过完成数量来弥补。

最糟糕的是“**慢、不做、不多做**”这三件套。

按照这个理论来说，前面那位31岁想要考注册会计师的人，起步就太晚了。

如果那个人已经结婚的话，根本无法只集中精力准备注册会计师考试。

如果为了家庭生计一边工作，一边学习的话，甚至无法完成数量，那样的话，离做出成果就越来越远了。

应认识到，在自己决断慢的时候，已经落后他人了

要开始一项工作时，有的人当场不做决定，而是说“我考虑一下”“我研究一下”。

我认为，当你说出这样的话时，已经欠缺“速度”而没有商务价值了。

学习、音乐、体育也是一样。

音乐要从小开始学，这样才能更快地掌握音感；学习也要早点开始，这样才能更容易进入好的大学；创业也是，早点开始会比之后创业更有利，这是不言而喻的道理。

我很理解在开始做什么的时候想说“我考虑一下”的心情，我也不否定这一心情。

只是，我希望大家也能认识到，这种决定的迟缓会为你带来很大的不利。

CHAPTER THREE

在下决断时，比起道理，要优先依靠直觉

平时就向自己的内心询问“不想做的事”和“想做的事”，到了关键时刻就能马上做出判断

人做决断时的要素有“道理”和“直觉”。

在通过道理下决定时，我们会向他人解释说：“因为这样的理由，所以做（不做）。”

另一方面，直觉是“嗖的一声来了（或没来）”的东西，大多数情况下自己也说不出理由。

我在做决断时，就靠“直觉”。

因为我平时就不断练习问自己“不想做的事”和“想做的事”，所以面对一件事，我可以在瞬间判断自己是想做还是不想做。

人越是在决断上花时间，越容易去考虑“不做”的理由

因此，几乎所有的决断都可以在3秒内做出。

另外，根据我至今的经验，即使考虑3秒以上，也不会得出答案。

如果过于考虑利益得失，最终就会去做自己不想做的事情。

例如你在高中时，决定报考高难度的大学。

这个时候如果你犹豫着“要不要报考”“还是算了吧”等的话，最后也许会对自己说“反正自己的偏差值是35，再怎么学也不行吧”，从而放弃报考。

人越是在决断上花时间，越容易去考虑“不做”的理由。

为摆脱负面思维，最好将每件事的决断控制在3秒以内，这样才能获得自己期望的结果。

CHAPTER THREE

不追求最好，才能选择最好

为什么追求最好就不会获得成功？

人们在决定什么事情时，总是希望做出最佳的选择。

但是，**正是在这个时候，才不应做最佳的选择。**

因为，**大多数人都会在那里陷入沉思，在做出决断前花费时间。**

正是由于追求完美，所以才得不到结果。

无论怎样深思熟虑，如果不看结果，也不会知道那是不是最好的选择。

也许花上一辈子，也不知道那是不是最好的吧。

例如，在恋爱中，和这个女性（男性）交往是最好的选择吗？

现在与其结婚的女性（男性）是最佳对象吗？

在工作中，现在的公司是最好的选择吗？

想换工作或创业，但那是最好的选择吗？

我想大家都知道，这些事无论怎么想都不会有答案。

“比较好”的积累就会成为“最好”

我在上大学时想要创业，感觉需要资格证，便在想是报考注册会计师考试呢？还是司法考试呢？

我通过3天的仔细调查，选择了报考注册会计师。

此后，我几乎把大学生活全部花在了注册会计师考试的学习上，结果顺利通过了考试。

现在回想起来，说实话我不知道那个选择是否就是最好的。

同样，对你来说，谁也不知道你现在工作的公司是否是最好的。

另外，没有人知道什么时候创业是最好的。

我建议，如果你内心中感到“没有理由的兴奋、有趣”，那就去做一下试试。

如果有50%想尝试的心情，我便会采取行动。那是最好的时机。

对现在的自己来说，如果为了获得更好的方法、更好的方向、更好的东西，**在每次遇到选择时都做出“比较好”的决定，那么终将获得最好的结果。**

第四章

CHAPTER FOUR

只将精力集中在“想做的事情上”，人生会发生剧变

CHAPTER FOUR

“逆向思考”可以最快得出结论

为了最快实现梦想，“逆向思考”是不可缺少的

在第三章中，我说过，设计“最好的1天”并每天坚持，便可以获得最好的人生。

终于到了最后一章，我将向大家介绍最快实现“真正想做的事”的方法。

事物有开端、有终点、有入口，也有出口。

要实现自己想做的事，重要的是要看清终点（想变成什么样），并考虑为此应该做什么。

这叫作“逆向思考”。

“逆向思考”是指，面向自己想要得到的结果，明确为此而应做的事并制订计划。

如果读到这里感到“等等”的话，说明你很聪明。

“金川先生，你不是在第一章写着‘不要制订计划’和‘不要目标’吗？这不矛盾吗？”

是啊，我确实是这样写的。

但是，仔细读一下就会明白，我写的是“不需要过于缜密的计划”和“不需要为了达成眼前的什么事而制订目标”。

因此，如果你想达成超越自己的什么事，希望你有一个远大的目标（梦想）和大致的计划。

不善于“逆向思考”的人的两个特征

言归正传，人生要达成什么事，逆向思考非常重要。

但很多人都不擅长这种“逆向思维”。

这是为什么？

理由有两个。

一、因为不知道对自己来说，终点是什么。

也就是说，因为人生的目的不明确。

二、目标过低。

例如，如果你现在的托业[1]分数是400分，想将其提高到430分，那么只需记住单词、学好语法，不怎么费力就能达成。

但是，如果想在半年内取得990分的话，就需要逆向思

1.托业即TOEIC（Test of English for International Communication），中文译为国际交流英语考试，是针对在国际工作环境中使用英语交流的人们而指定的英语能力测评考试。

考到底要学什么、学到什么时候、学习多少，否则是无法达成目标的。

有人对我说“3年不可能赚到1亿日元”，那么我采取的行动是什么

接下来，我讲一下如何用“逆向思维”达成梦想和目标。

我经常说，要创业的话，就要设定目标为“1年赚1000万日元，3年赚3000万日元，5年赚1亿日元”。

就我自身而言，我当时是想在3年内实现1亿日元的营业利润。

但是，我从挣了1亿日元以上的几位前辈经营者那里听到，“3年赚1亿日元绝对不可能。我当时也做不到”。

我听了这句话后，内心一下子燃烧起来。

我下决心无论如何都要在3年内赚到1亿日元，并运用逆向思维成功地办到了。

想成功的话，就老老实实地实践成功人士给出的建议

那么，我是如何在3年内实现营业利润1亿日元的呢？

方法很简单，**我只是去见那些实际达成这个目标的经营者，请教他们是如何思考的、如何做的、养成了什么习惯，然后每天重复同样的事情。**

因此，如果你想年收入赚1亿日元的话，就去找实际上赚了1亿日元的人谈谈吧。

如果觉得比较困难的话，就读读他们写的书、看看他们录的视频、了解他们的“思维、行为、习惯”，这样自然就会知道怎么赚1亿日元了。

我自己就是去见了赚到1亿日元以上的几位经营者，并实践了他们告诉我的“做房地产、保险、教育事业”的建议，因此才能在独立后第三年实现了1亿日元的营业利润。

如果我当时做了房地产、保险、教育事业以外的事业的话，估计赚1亿日元只是个遥远的梦了。

成功所必需的“交流能力”的磨炼方法

经常使用“例如”和“因为”会增加具体性，而且有说服力

那么，如何用逆向思维的方法来实现1亿日元的营业利润呢？我不断去找经营者们聊天，并在这一过程中逐渐地发现了自己所欠缺的东西。

那就是交流能力。

我原本不擅长在别人面前说话。

但是，我从前辈经营者那里听说，对于经营者来说，交流能力可以说是最重要的技能。于是我参加了“说话方式讲座”和“研讨会的实施方法讲座”。

在“说话方式讲座”中，我学到了**在与他人交流的时候，要看着对方的眼睛说话，以及放慢说话速度**的重要性，**或者多使用“例如”和“因为”，从而增加具体性，使对方能够接受自己。**

另外，要举出别人都能接受的具体例子，自己就必须

去实际行动。

我一边在那里学习说话方式，一边为增加自己的商业经验值而努力，从未懈怠。

研讨会要选择“参加型”，而不是“讲义型”，这样会使自己很有活力

另外，我在“研讨会的实施方法讲座”中学习到了，为提高自己的交流能力，不选择单方面的讲义型，而选择参加型的重要性。

具体来说，就是请参加者提问，或举手表示“是”和“否”，或请参加者站起来发表自己的想法等。

另外，我还学到了只要稍微改变一下措辞，就会使研讨会的气氛发生变化。

我一开始在研讨会上经常催促大家“笑一笑，这样气氛会好起来”。但之后我改为“大家高兴起来，我会说一些本来不想说的话，所以请大家一定要笑一下啊”，这样使得会场的气氛变得更好了。

此外，我还发现通过安排研讨咨询会和答疑时间，以及在研讨会结束后与参加者举行的午餐会和联欢会，可以加深参加者们之间的交流。至今我仍在使用这一方法。

CHAPTER FOUR

收入与认识的人数成正比

要是真想赚钱，就去见5000个人

要想创业赚钱，首先要自己先开始营销，并不断接到工作。

应该说，经营者当然要在本职工作上具有一定的能力，但与其同样重要的是，自己要成为一名优秀的营销员。

而且，创业后不久，为了提高销售额，还要招揽顾客，也就是要和很多人见面，这是一个重点。

我创业的时候，有位前辈告诉我**“你一年内一定要去见5000人才够”。**

我从那时起开始结识朋友，实际上见5000人用了2年左右。

我当时是无差别地去参加研讨会、交流会。

虽然也有不少人只是交换了名片而已，但也是在那个时期，我建立了与现在工作相关的人脉。

虽然我现在不怎么与人直接见面，但是在社交网络等平台上，一年内要和5000人接触，一天最少也要和10个左右的新人接触。

CHAPTER FOUR

坚持输出的人最终会获得成功

既然不能行动，就别做准备了

为了不做“不想做的事”，获得理想的结果，持续主动发布信息是很重要的。

最近比起研讨会，我主要在视频网站上发布视频，但是以前，光周末一天我就会举办3个小时的研讨会。周六周日共计6次、18个小时。

标题就是“3个月就能获得金钱和自由的研讨会”“将思考变成现实的研讨会”等，并向社交软件的5000名关注者发布了研讨会的通知。

第一次举办研讨会的时候很紧张，但我觉得在别人面前说话就是靠“不断去习惯”，所以我举办了很多次。

另外，人往往一旦想要“做好万全的准备”，就很难付诸行动，所以我有时候完全不做准备，练习即兴讲一两个小时。

系统化后，就可以集中精力做自己想做的事

加上这些周六周日的次数，我一年中举行了100次以上的研讨会。

我在东京、大阪、名古屋、广岛、福冈、北海道等地巡回讲演，还在开始出书的3年前，在全国的主要城市举行了出版纪念研讨会。

另外，我还每周花5至6个小时拍摄视频。

总之我就是**本着“熟能生巧”和“枪法虽差，多打几次也能中”的精神，不在意失败，将失败作为下一次的食粮，坚持做下去。**

创业后，这些工作都是我自己一个人做的。但因我下意识地尽早转为管理阶层，并将这些工作系统化，因此现在我得以集中在“自己想做的事”以及“只有自己能做的事”上。

另外，活动的通知等，我现在都是拜托商业合作伙伴去做，邮件什么的也拜托秘书处理，尽量把工作分配出去。

CHAPTER FOUR

买来的书不用通篇阅读

在“前言”“后语”和“目录”中输入要点后，剩下的大致看一下即可

我从不会精读一本书。因为这是在浪费时间。

例如，如果想学习税金的相关知识，我不是花3个小时精读1本书，而是花1个小时大致翻看地读10本书。

这样，书的内容反而会留在脑海里。

另外，我会买20至30本同一个主题的书来看。

先读“前言”和“后语”，抓住作者想说的话、书的概要，然后去看目录。

在此基础上，我会翻阅一下想更仔细阅读的地方。每本书大概10分钟读完。

决定不读不需要的部分

很多人觉得，买了一本书，如果不全读完，会很浪费。

但我认为，**去花时间读那些无用的信息才是浪费。**

我为了快速阅读，也买了有关“速读术”的书来读。但我觉得，快速“看”是可能的，人脑的能力还是无法做到快速“读”。

我认为大致翻“看”着读，或只“读”粗体字等必要部分效率更高。

我每年购买300至400本书，几乎都已全部过目。

有时，那些难读的书我根本就没读。

对于我觉得有意思的书，当作者举办研讨会时，我也会尽可能地去听。

我迄今为止参加的研讨会有关于成功法则、心态、时间管理、时尚、室内装饰、文章技术、营业、股票等主题，种类非常多。

如果觉得去研讨会有帮助的话，我会去向那个作者咨询。我就是这样每天都在努力增加自己的经验值。

CHAPTER FOUR

住处决定收入

虽说房租的标准是工资的三分之一左右

大家经常说“房租以工资的三分之一为标准”。

如果到手工资是20万日元的话，7万日元左右的房租比较合适，不会为生计带来负担。

顺便说一下，我创业的时候，作为公司职员的月收入是50万日元，副业的月收入是12万日元。那时，我住在房租20万日元的高层公寓里。

但在提出辞职申请后，我也没有想过要搬到房租低的房子。

我反而打算努力工作，使自己能住上房租贵的房子。实际上我也是那么做的。

坚持住比现在收入高一级的房子，收入会上升

我经常思考的是“房子的位置决定收入”。

如果你想提高收入的话，我建议你尽量搬到一楼和顶楼的房租相差悬殊的高层公寓去住。

我当时住的48层的高层公寓的顶层房租是130万日元，而我的房租是20万日元。

住在那样的公寓里，自然会在停车场和电梯厅等处看到顶层的住户。

我经常观察他们的举止，同时想“总有一天，我也会像他们一样住在顶层”。我当时的梦想而今已成为现实。

就像这样，坚持住比现在收入高一级的房子，收入也会跟上来的。

CHAPTER FOUR

金钱聚集在善于使用的人手中

金钱会聚集在公开说“我喜欢钱”的人那里

经常说“钱喜欢钱。所以，有钱的地方就会聚集钱”。

从我的有钱人伙伴们也可以看出，确实有这种倾向，我觉得钱更愿意聚集在他们那里。

日本人自古以来就以“清贫”为好，认为那些说“喜欢钱”“想成为有钱人”的人没有品位。

但据我所见，有钱人都公开表示“自己喜欢钱”。

正如有些人说自己“讨厌与人交往”，那么他的身边就不会有人接近。同样，金钱也不会靠近那些对钱持有负面情感的人。

相反，金钱会跑到那些说自己“喜欢钱”的人身边。

不是“存了再花”，而是“花了再存”

那么，怎样才能增加金钱呢？

通过节约和储蓄来增加金钱是穷人的想法。

例如，月收入20万日元的人，无论如何节约，能存下来的最多也就几万日元。

这样的人不花钱，就想着存钱，所以反而永远也存不下钱来。

另一方面，有钱人会考虑用钱来增加钱。

假设你有1万日元。

有钱人的想法不是将其存起来，而是考虑以这1万日元进货，然后以3万日元卖掉。

钱不是存了再花，而是花了再存。

钱是会聚集到那些善于花的人身边的。

能从金钱的失败中学习的人是“投资家”，不能学习的人是“浪费家”

改变人生的是“金钱买不到的东西”

假设有一个价值10万日元的大品牌钱包，只要支付10万日元，谁都可以拿到这个钱包。

在餐厅吃饭和每天在超市买的食材也是一样。

花1万日元可以吃到1万日元的料理；花5000日元可以吃到5000日元的东西。

就像这样，所有的商品都可以用钱买到。

但世上有些东西是花钱也买不到的。

资格、工作技能、交流能力等都属于此类。

无论是花100万日元，还是200万日元，甚至是1亿日元，这些东西是花钱买不到的。

这样一想，**最终能改变人生的是那些“用金钱买不到的东西”**。

如果把买的东西变换成“用金钱买不到的东西”，人生就会发生变化

例如，去书店的话，会看到从烹饪书到工作技能、健康、说话方法、育儿等各种各样的书，但并不是只要买了这些书就能够掌握其中的内容。

只有花时间去实践书上写的东西，才能掌握这些技能。

如果通过读买来的书并学会其中的技能的话，则不仅仅是买了本书，而是对自己的“投资”。

例如你可以将自己已经掌握的东西通过传授给他人来赚钱。

如果你的教法很好，在网上得到好评的话，就有可能成为有钱人。

也就是说，**为了提高自己而买的东西变成了“用金钱买不到的东西”。**

这样做，人生就会改变。

事先定好人生的“亏损线”

但也有人把本应该用于投资的钱浪费了。

例如一开始觉得“考出注册会计师好像挺酷的，报考试

试吧”，于是报考了考试。但如果之后又觉得“还是算了”的话，那就不是投资，而是浪费。

在第三章我讲过关于“投资思维”的话题。花50万日元上学，要用多少学习时间能够毕业。结合支付的金额和花费的时间，思考可以回收多少。这就是“投资思维”。

根据投资对象的不同，情况也不一样。例如，如果是考注册会计师的话，可以学习4年，4年考不出来的话便放弃。要给自己设一个限度，限定自己的投资可以亏损的程度。这就是“亏损线”。

在开始做什么的时候，要清楚什么时候可以回收，可以允许继续支出到什么程度。这就是“投资”。

一时兴起买的是“浪费”，通过学习买的是“投资”

以身边的例子来说，如果说不出什么理由，只是因为“觉得好看”而买了一件品牌衬衫，然后马上又买了新的，这就是浪费。而如果是为了提升自己的形象、提高自己的业绩而买了新品牌衬衫的话，就是投资。

区别在于，只是为了消费而花钱，还是为了得到更多的东西而花钱。

能从金钱的失败中学习的人是投资家，不能学习的人是浪费家。

同样是花钱，能否持有这样的观点，其人生将有很大的不同。

CHAPTER FOUR

别人在玩的时候才是机会

成功与才能无关

“我没有赚钱的才能……”

这句话自从我创业之后，已经听了数百遍。

然而，没有几个人本来就有才能。

那个天才击球手铃木一郎这样说过：

“如果不努力而成功的人称为‘天才’的话，那我不是天才；如果通过努力成功的人称为‘天才’的话，那我就是天才。”

确实，有极少数人具有被称为“天才”的才能。

但**即使是天才，如果不努力，也什么都做不成。**

天才不会把别人认为“努力”的事当成是“努力”，而是当作“开心”的事来做，所以他们看起来不像是在努力。

例如，普通人下意识地去努力读100本书，而天才是持有兴趣地读，不知不觉读了200本书。我觉得所谓的天才就是这样的人。

能够在别人不努力的时候努力的人，能得到出众的结果

也就是说，并没有几个从一开始就有才能的人，即使有才能，也要通过努力，使其发芽。

而且，那些有才能的人、做出杰出的结果的人，都是“在别人不努力的时间里努力”的人。

在上下班的电车上，在别人玩手机游戏的时候，他在学习外语。工作结束后，同事在居酒屋发牢骚的时候，他去研讨会学习。朋友和恋人约会的时候，他去见自己视为目标的经营家……

别人在玩的时候才是机会。

请丢弃“没有才能”“没有学历”等自卑心理。

在别人不努力的时候去努力，就是成功的秘诀。

CHAPTER FOUR

不经调查开始行动的是“输家思维”，调查后开始行动的是“赢家思维”

“输家思维”的人不善于中途修正轨道

我自从创业以来，见了很多人。以数字来说，大概超过了5万人。

其中偶尔会遇到有的人说“自己的人生尽是失败”。

每遇到这样的人，我都会想：“这个人也被‘输家思维’束缚了。”

那么，什么是“输家思维”呢？

首先，持有“输家思维”的人一般不会去做调查。

他们不先调查需要花费多少时间、金钱、努力才能得到结果，而是直接开始。

因此他们在途中会觉得“这和我原本想的不一样”，从而受挫。

另外，他们一旦决定“走这条路”，中途就不打算修正轨道。

身边有些人我觉得“他的做法不对”，但越是这样的人就越不听他人的建议，而是按照自己的方法一意孤行。

具有“赢家思维”的人会不断输出，直至成功

而另一方面，具有“赢家思维”的人在开始做什么事之前，会先做调查。

他们会先调查需要花费多少时间、金钱、努力，然后再开始行动。因此在这个阶段，他们已经认识到“竞争对手会很少”。

因为，即使“想成为××”的人有星星那么多，但“为了成为××而采取行动”的人也不过是其中的几万分之一。

具有“赢家思维”的人就是实际采取行动的人。

估计小的时候有不少人的梦想是“成为宇航员”，但实际上为了成为宇航员而行动的人却很少。

另外，调查清楚花费多少可以回收投资后，剩下的就是行动。

具有“赢家思维”的人会事先输入成功的攻略法。

例如，如果想在营业中创造纪录，就少量输入说话技巧或交流技巧。

此后**持续输出，直至成功。**

在这个过程中，向周围的人请教建议，弥补自己的不

足，不断修正轨道。

能采取这样行动的人，才能成为赢家。

CHAPTER FOUR

与他人对比就已经输了

与他人对比没有意义
要与过去的自己对比

来我这里咨询的人，多是“动不动就与周围人比较，然后灰心丧气”的人。特别是在同一家公司内，看到“同事比自己晋升得快”“曾经的伙伴创业成功”时，很多人便会感到羡慕和失落。

但我认为，**“与别人对比本身就没有意义”。要是对比的话，应该与过去的自己对比，而不是与别人对比。**

如果有时间与别人对比的话，不如不断提高自身，做到“昨天的自己强于前天，今天的自己强于昨天”。

分析“为什么那个人能够成功”
以及“与自己有什么差别”

再说一个关于我自己的事，在我高中毕业开始复读时，我完全没有想过“那个人上大学了？真好啊”，或者“那个人进了个好公司，与他相比我还在复读”，等等。

我在高中复读时，因为当时复读的只有我一人，心里觉得别人都不是竞争对手。

另外，那时我想的是，“人生晚个一年两年，此后也能赶上来”。

在第一次注册会计师考试不合格时，我想的是，“起步比别人晚也没关系，重要的是考试合格”。

如果你现在拿自己与成功的人对比，感到羡慕、失落时，请这样想：

“为什么那个人会成功？”

“他与自己有什么差别？”

如果你明白了自己与他之间的差别之后，就将其写在纸上，然后通过行动不断去弥补。

或者采取下述方法也可以。

先准备一张A4纸。然后在A4纸的中间画一条竖线，在左侧上部写上“现在”，在右侧上部写上“理想”。

如果你现在的状态是“一周工作5天，月收入30万日元”，就将其写在左侧。如果你的理想状态是“一周自由工作3天，月收入100万日元”，就将其写在右侧。

将其写下来后反复去看，慢慢地就不会拿自己与别人做比较了，而是将心思逐渐关注在自己身上。

这样，你就会开始思考如何接近理想中的自己。

总之就是不要和别人比较，而是比较“现在的自己”和“理想的自己”。这一点很重要。

CHAPTER FOUR

如果自己说有趣，则所有的事都会变得有趣

令我吃惊的前辈的教导

我进入会社不久，有过这样一件事。

一位比我大2岁的前辈问我：“你觉得怎样才能成为一名优秀的注册会计师？”

那位前辈是个非常能干、受上司喜欢也受属下仰慕的优秀人物。

我不知如何回答，那位前辈告诉我：“无论什么样的工作，都要感觉兴奋、感觉有趣才行。”

作为一个新人，我听到这句话时稍感吃惊。

原来上司和周围的人不是以工作的成果，而是以“是否在开心地工作”这一观点来考核我们的。

现在我也站在了管理别人的立场，因此十分清楚这一点。

我不想把重要的工作交给那些整天阴沉着脸、愁眉苦脸地工作着的新人。

我一般是喜欢把一些重要的工作交给那些虽然不太熟练，但开心地工作着的人。

别人委托你工作时，先说一句“好像挺有意思”

自那以后，每当有人委托我工作时，我都会说一句“好像挺有意思”。

当然，偶尔也会遇到有点棘手的工作。

但正是在这种时候，我都会对自己说：“干好这个工作，以后就会有信心了。”于是我会变得很兴奋。

学习和工作并不都是有意思的，有时会遇到难度高的问题以及十分辛苦的工作。

但我觉得做成原本不能做的事，解决原本感到困难的问题是一件很开心的事。

最重要的是，**说出“有意思”这句话可以使自己每天活得很积极。**

CHAPTER FOUR

一流人士与二流人士的决定性区别

获得成果且正在活跃的是一流人士，满足于现状的是二流人士

为了“不做不想做的事”，让自己的人生向希望的方向剧变，就要向一流人士学习。

那么一流人士与二流人士的区别是什么？

他们的区别在于**“是否获得了成果”。**

例如，如果有一个年收入300万日元的公司职员召开名为“创业赚1亿日元的方法”的研讨会，估计谁也不会去听。

那就等于是向不是注册会计师的人请教有关注册会计师考试的“合格秘诀”一样。

另外，即使是获得了成果的人，也要知道那是什么时候的事。

有时候根据工作内容及行业的不同，其成功的时间轴也不同。但如果是太久以前的事，则毫无参考意义。

只有在最近成功，并且正处于活跃状态的人才是一流

人士。

例如想请医生做癌症方面的手术，无论是多么有名的医生，如果他已退休10年了的话，估计没有人想找他吧。就是这个道理。

另外，一流人士通常不会安居在一流的位置上，他们会不断学习、不断进步。

因为他们非常清楚，如果自己认为“已经足够了”的话，就会停止成长。

为见一流人士而花费的钱将数倍返还回来

另外，向坚持努力学习的一流人士请教也不是免费的。

比如，与有名的经营顾问商谈，有的1小时就要花费10万日元。

听到这个价格，有些人可能觉得贵。但与其听20次二流人士的5000日元一次的研讨会，不如去听1小时一流人士的意见。这样受益更多。

因此，既然想要学习的话，我建议向一流人士学习。

只是，这里重要的是，无论一流人士的实绩多么优秀，还是要选择和自己合得来的人。

这样你花费的钱会以数倍返还回来。

还是那句话，“人的外表决定 90%”

注重衣着的人与不注重衣着的人，一生的年收入会相差3000万日元

想必很多人都知道，美国心理学家艾伯特·梅拉比安提出了一个叫作“梅拉比安定律”的概念。

这是指，在说话人对听话人的影响中，“语言信息”占7%，“听觉信息”占38%，“视觉信息”占55%。

也就是说，比起对方的说话内容，人们更受对方体现出来的气质以及外观的影响。

因此，有人说注重衣着的人与不注重衣着的人，一生的年收入相差3000万日元。

这就是说，人本身的内涵固然重要，**但外观也与其相等甚至更加重要。**

如果第一印象就被对方封杀了的话，不管之后有多么好的话也不会进入对方的耳朵了。

要注意胡子、指甲、牙齿、鼻毛等细节

那么，外观最重要的事情是什么？

那就是**“清洁感”。**

如果是男性的话，就剪短发，露出额头。西装和衬衫要经常拿去清洗，随时都要穿得干干净净的。

而且要注意容易忽略的梳理。

例如鼻毛。如果鼻毛露出来的话，无论穿多好的衣服，在女性看来都是一次性出局。

最近有性能很好的鼻毛剪。

出门前请务必在镜子前检查一下。

除此之外，也要注意胡子、指甲、牙齿等细节。

我的胡子不是很浓，但我在皮肤科做了永久脱毛。如果有人觉得每天早上刮胡子很麻烦的话，也可以考虑干脆做个脱毛。

另外，男性也最好对指甲进行护理。因为递名片或者商谈时，总会看到指尖。

这种“梳理”也是成功所不可缺少的习惯。

CHAPTER FOUR

一直坚持至成功的人只有少数，正因如此他们才会成功

不断坚持，才能成功

我们终于到了最后一条了。

作为本书的结尾，我将告诉大家我能成功的终极秘诀。

一言以蔽之，**“因为我一直坚持到成功”。**

无论是高考、注册会计师考试，还是创业后的工作，我都是因为坚持，才获得了巨大的成果。

无论我中途放弃了哪一个，都不会有现在的成功。

也许有人会说：“坚持做到成功，这不是废话吗？”

但据我所见，能够坚持做到成功的只有很少一部分人。

例如，大家还记得自己在2019年1月1日制订的目标吗？实现那个目标的人有多少？

我现在写这篇稿子是在2019年12月29日。

说出来可能不中听，但我想大概在这个时候，大部分人都没有达成目标。

我认为，在1月1日制订了目标，到12月31日为止持续

努力并实现目标的人，大概只有5%吧。

九成的人甚至忘记了自己制订的目标内容，不查看写有计划的纸就无法回答。

不要相信自己的“意志力”，要相信“习惯的力量”

我并不是想说“你不行，你不对”。

人生就像一场淘汰游戏。

即使自己不比别人优秀，只要坚持下去，周围的许多人也自然会掉队。

因此，只要不放弃、不掉队，谁都可能获得成功。

尽管如此，为什么还有人会中途放弃呢？

这是因为他们想依靠自己的意志。

从某种意义上来说，我不相信自己，我只相信自己的“习惯”。

早上起床、洗脸、刮胡子、刷牙、换衣服……估计没有人每天都依靠“坚强的意志”来做这一系列动作的吧。

谁都能自然地做这些事，这是“习惯的力量”所造成的结果。

在第三章中，我说过“将‘最好的1天’坚持365天”。

不做不想做的事的“1天”。

做真正想做的事的“1天”。

即使1年中只有1天也可以，请设计自己“最好的1天”。

然后，希望你好好记住自己所设计的“最好的1天”的度过方式及情绪。

怎样才能增加更多的“最好的1天”？

估计会有想做也做不了的时候，也有完成不了自己制定的计划的时候。

但希望大家不要放弃。

即使有没能完成的日子，只要从下一天重新开始循环“最好的1天”即可。

我再重复一次，成功的要点是“坚持做到成功”。

只要你继续这样踏实地努力下去，你期望的未来一定会到来。

大家加油。

作者简介

金川显教

注册会计师、经营顾问、企业策划人、投资家、事业家、作家。

出生于日本三重县，毕业于立命馆大学产业社会学部。

在校期间通过注册会计师考试，曾在世界第一大规模会计事务所德勤集团的有限责任审计法人托马斯工作，此后独立。他以“只能从量中产生质”为使命，为了向更多的人传达自己的观点，开始了写作活动，并在商务书、自我启发书、小说等多领域中连续发行了畅销书。

著作主要有《转变——只要转变想法，人生的困境也会变为机遇》《超强学习法》《超强团队》《为不输给AI，所有人都应掌握的“经营学”》《3秒决断思考——做，还是马上做》《若想让工作和人生发生剧变，99.9%优先输出》等。